U0818201

北京地区灾害性天气概念模型

张琳娜 等 著

气象出版社
China Meteorological Press

内容简介

本书为北京市气象局2013年业务研发专项《北京地区灾害性天气概念模型建设》成果。

本书利用北京地区1981—2010年30年的地面观测资料，统计分析了该地区各类灾害性天气发生的时空变化规律，并明确定义了北京地区灾害天气日标准。在分析、借鉴部分北京地区原有灾害性天气研究成果基础上，详细分析了近10年的灾害性天气代表个例，从个例中提炼基本天气形势和物理量要素，凝练各类灾害性天气发生发展的最基本成因。同时，参考国内外先进研究方法，建立各类灾害天气发生的概念模型，将天气形势场与相关物理量要素集成为立体、简洁、美观的可视化三维图形，便于读者更加直观地掌握、了解灾害天气发生的空间结构和配置。

图书在版编目(CIP)数据

北京地区灾害性天气概念模型/张琳娜等著. —北京：气象出版社，2014.8

ISBN 978-7-5029-5977-7

Ⅰ.①北… Ⅱ.①张… Ⅲ.①灾害性天气-研究-北京市 Ⅳ.①P468.21

中国版本图书馆CIP数据核字(2014)第182591号

出版发行：气象出版社

地　　址：北京市海淀区中关村南大街46号　　**邮政编码**：100081

总 编 室：010-68407112　　**发 行 部**：010-68409198

网　　址：http://www.cmp.cma.gov.cn　　**E-mail**：qxcbs@cma.gov.cn

责任编辑：马　可　张　斌　　**终　　审**：汪勤模

封面设计：博雅思企划　　**责任技编**：吴庭芳

印　　刷：北京中新伟业印刷有限公司

开　　本：787 mm×1092 mm　1/16　　**印　　张**：3.5

字　　数：89千字

版　　次：2014年8月第1版　　**印　　次**：2014年8月第1次印刷

定　　价：25.00元

《北京地区灾害性天气概念模型》
编 委 会

著　　者：张琳娜　李　靖　郭　锐　杜　佳　赵　玮

专家顾问：曲晓波　乔　林　孙继松　季崇萍　张明英

陈大刚　付宗钰　时少英　郭金兰　王　华

序

天气概念模型是一种相对传统的灾害性天气预报方法。大体而言，其方法是，各地的预报员根据本地区历史上曾经出现的灾害性天气过程的天气系统配置结构的分析、总结，提炼预报指标。就本质而言，这是一种相似预报方法。近年来，根据各种灾害性天气发生发展过程的基本条件而形成的所谓“配料法”预报方法正在被各级预报员所接受。前者注重“天气型的配置”，后者强调“物理量的配置”。就天气预报的实质而言，两者之间并不矛盾。好的“概念模型”通过天气系统的结构配置来体现某种灾害性天气过程发生发展所必需的“物理量配置”，其优点是直观——在天气图上一目了然。相对于“配料法”，它的缺点是物理逻辑不甚清晰，而且天气系统的分类办法因人而异，具有一定的随意性。

张琳娜同志带领年轻一代预报员，通过查阅大量的天气研究论文、翻阅历史天气图、咨询老预报员等方式，完成了《北京地区灾害性天气概念模型》的编撰工作。这是一本直接面向预报员的手册，内容不仅包括北京地区暴雨、大雪、大风、沙尘、高温、大雾、霾和强对流等灾害性天气的典型天气系统配置结构，而且对上述灾害性天气的气候特征进行简单统计。这本手册既保留了传统的“概念模型”的提炼方法，也部分借鉴了“配料法”的物理量配置办法，对预报员理解、预报灾害性天气具有较高的应用价值。

灾害性天气形成过程是一个非常复杂的多尺度天气系统相互作用的过程，天气尺度系统的配置结构往往只是提供了相对稳定的“环境条件”，世界上没有一次灾害性天气过程被“完全重复”过，或者说，没有任何两次灾害性天气过程是一模一样的。只有对天气系统配置结构、天气现象、物理诊断量等背后所包含的物理过程进行深刻地理解，形成完整的科学逻辑，才有可能做好灾害性天气过程的预报工作。因此，没有一个优秀预报员的成长是通过“走捷径”的方式实现的，希望预报员带着继承与发展的思维看待本书的出版，切不可机械、教条地生搬硬套！

孙继松

2014 年 5 月于北京市气象局

编写说明

一、编写目的

编写《北京地区灾害性天气概念模型》的主要目的如下：

1. 定义北京地区灾害天气日的标准，在公众和决策服务材料以及应对媒体上保持一致性；

2. 凝练各类灾害性天气发生发展的最基本成因，便于预报员了解灾害天气发生的天气形势；

3. 形成各类灾害性天气概念模型的立体画视图，便于预报员建立灾害天气发生时的物理量空间配置；

4. 在模式的要素预报日益完善的情况下，对于灾害天气的空间形势配置的理解和认识在很大程度上也是对天气的艺术之美的传承。

二、编写方式

《北京地区灾害性天气概念模型》在建立每类灾害天气模型时，采用如下编写方式：

1. 参考和沿袭了部分北京地区已有的灾害天气概念模型；

2. 在已有的模型的基础上分析了近年的灾害天气代表个例，从个例中提炼基本天气形势和物理量要素；

3. 针对每种灾害天气类型参阅了数百篇国内外参考文献，从文献中进一步提炼典型的形势和物理量要素；

4. 在模型建设过程中，征求了多位预报专家的意见和建议，优化模型和关键影响因子及阈值。

三、主要内容

《北京地区灾害性天气概念模型》内容主要分为两个部分：

1. 定义了北京地区灾害天气日的标准。并在相应的标准下统计了各类灾害天气发生的年变化和季节变化规律（说明：该定义为本项目定义）。

2. 针对每一类灾害性天气的特点和规律，给出了各类灾害天气发生的概念模型、各层形势特征、发生灾害天气的物理量阈值。概念模型图中红色五角星所在位置为北京的位置。

3. 在附录中给出了北京地区十类灾害性天气的日期，便于大家在需要时查找。部分日期太多的灾害种类，仅选取了近几年的日期。

四、致谢

本书在撰写过程中还得到了北京市气象台魏建明、崔永义、王国荣、于波、雷蕾、吴庆梅、尹晓慧、翟亮、贺赟、孙秀忠，京津冀环境气象中心孙兆斌、声像中心左娜等同志提供的资料及建议；在出版过程中得到了北京市气象台路春英、贾雷、张广庆的热情帮助；北京天文馆曹军、寇文、于杰鸿对于本书也提出了建设性意见，并协助完成了部分插图的制作。在此一并致以深深的感谢。

目　录

第一部分　北京地区灾害性天气气候特征

1　北京地区灾害天气日标准

1.1　北京地区观测站分布图

北京位于华北平原的西北隅，东西跨115°25′～117°30′E，南北跨39°28′～41°05′N，总面积约为16800平方千米。地处山地与平原的过渡带，北依军都山，西靠太行山北尾，东北系燕山余支，东、南接冀北平原，呈三面环山之势。

北京地区20个国家级气象观测站分布如图1.1所示。

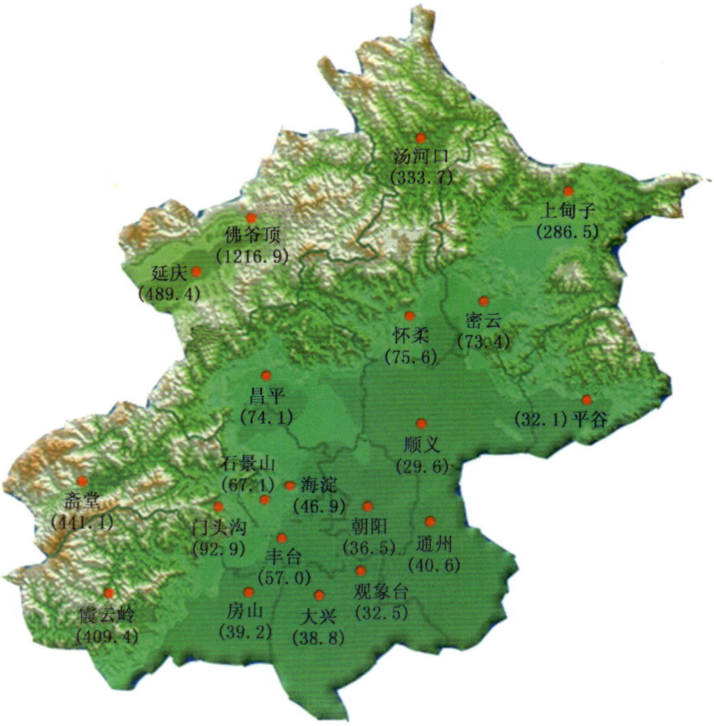

图1.1　北京地区国家级气象观测站分布及海拔高度(m)

1.2 北京地区观测站分类

按照观测站的海拔高度和所处位置，将观测站分为高山站、山区站、平原站和城区站。其中，城区站属于平原站。具体分类如下：

高山站（1 个）：佛爷顶；

山区站（5 个）：延庆、上甸子、汤河口、斋堂、霞云岭；

平原站（14 个）：密云、怀柔、昌平、门头沟、房山、顺义、通州、平谷、大兴、海淀、石景山、丰台、朝阳、观象台；

城区站（5 个）：海淀、石景山、丰台、朝阳、观象台。

1.3 北京地区灾害天气日标准（只限本项目定义）

在沿袭北京市气象台已有的标准基础上，依照灾害天气所造成的影响程度，本项目建议北京地区灾害天气日标准如下：

北京区域性暴雨日：50％站（10 个）日雨量≥38 mm，且 7 个站日雨量≥50 mm。

北京区域性大雪日：50％站（10 个）日雪量≥3 mm，且 7 个站日雪量≥5 mm。

北京地区大风日：30％平原站（4 个）出现风速超过 17 m/s 大风，并排除雷暴大风。

北京地区沙尘日：50％平原站（7 个）出现沙尘。

北京地区大雾日：30％平原站（4 个）出现大雾。

北京地区霾日：50％平原站（7 个）出现霾。

北京地区高温日：30％平原站（4 个）出现≥35℃的高温。

北京地区冰雹日：1 个站出现冰雹。

北京地区雷暴大风日：1 个站出现雷暴大风（不包括佛爷顶）。

北京地区局地暴雨日：1 个站出现暴雨（排除区域性暴雨）。

2 北京地区灾害天气日气候特征

统计 1981—2010 年北京地区 30 年、20 站地面观测资料，按照上述定义标准，得到北京地区各类灾害性天气年变化及季节变化特征如下。

2.1 北京区域性暴雨日气候特征

北京区域性暴雨日标准：50％站（10 个）日雨量≥38 mm，并且 7 个站日雨量

≥50 mm。

从北京地区区域性暴雨日的年变化(见图 2.1)图中可以看出,1981—2010 年 30 年中,暴雨日数呈现明显的 3 个阶段。第一阶段是在 20 世纪 80 年代,北京地区区域暴雨日是 1～2 天;第二阶段 90 年代 10 年中,区域暴雨日增加到 2～3 天;第三阶段是 2001—2010 年区域暴雨日减少到 0～1 天。可见,在这 30 年中,暴雨日呈先增后减的变化趋势。尤其是进入 21 世纪后,区域暴雨明显减少,多数年份一次都没发生过。

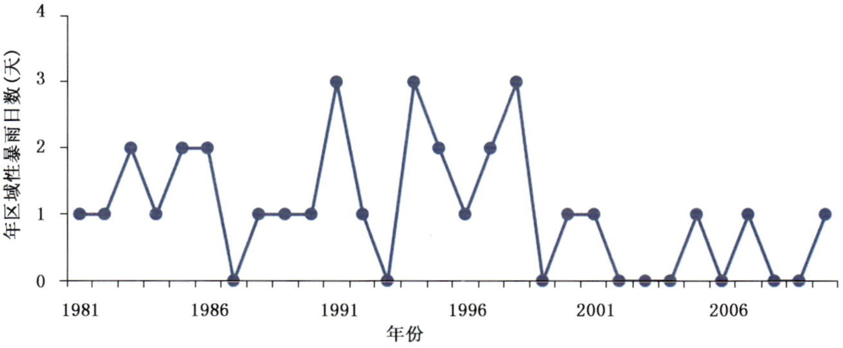

图 2.1　北京地区区域性暴雨年变化

区域性暴雨的季节变化(见图 2.2)具有显著的季节性特征,几乎全部集中在夏季 6—8 月,尤其是盛夏 7、8 月中。区域性暴雨的年平均为 1 日,从 7 月 0.5 个暴雨日、8 月 0.4 个暴雨日的分布可以看出,区域性暴雨出现在 7、8 月份的概率基本在 90%以上,其中 7 月、8 月的概率基本各是 50%。北京地区其他季节不会发生区域性暴雨。

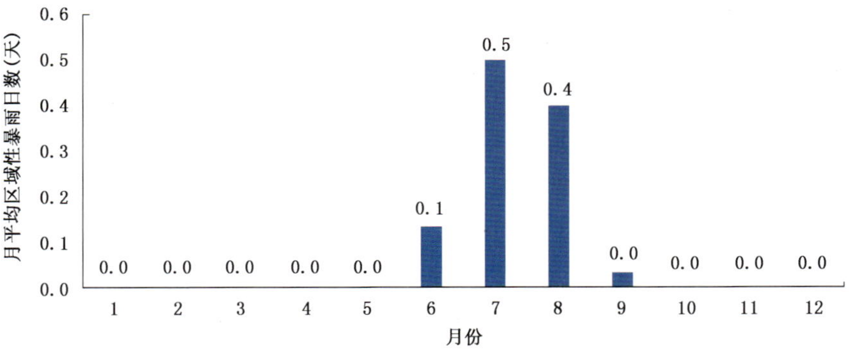

图 2.2　北京地区区域性暴雨季节变化

2.2　北京区域性大雪日气候特征

北京区域性大雪日标准:50%站(10 个)日雪量≥3 mm,并且有 7 个站日雪量

≥5 mm。

从北京地区区域性大雪年变化(见图 2.3)图中可以看出,1981—2010 年 30 年中,当年出现区域性大雪的日数为 1 天、2 天或不出现大雪的年数分别为 9 年、8 年和 12 年,不出现的年份略偏多,仅有一年出现过 3 次大雪。从 20 世纪 90 年代后期开始,每年出现一次区域性大雪的年份开始增加。

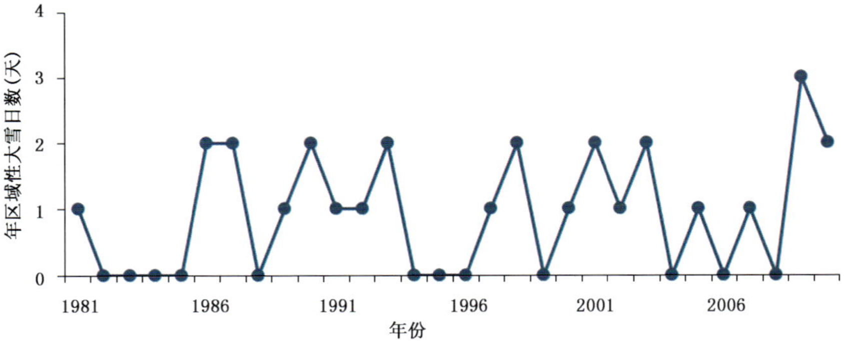

图 2.3　北京地区区域性大雪年变化

区域性大雪从秋末 11 月到次年初春 3 月均可能出现(见图 2.4)。出现日数最多的时段主要集中在秋末 11 月与初春的 3 月,尤其是 11 月,平均大雪日数达到了 1.1 天。这与秋末水汽仍然相对活跃,当遇到较强冷空气时,易出现雨雪转换天气有很大关系。3 月份的大雪也与此有关。12 月、1 月、2 月三个月出现大雪的日数基本相同,说明冬季区域性大雪并无明显月变化。

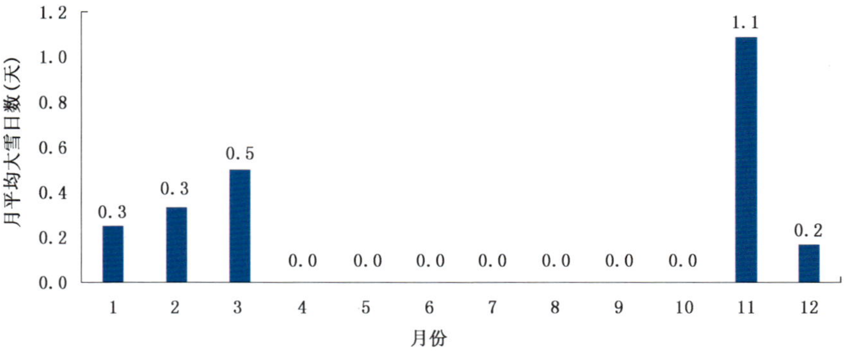

图 2.4　北京地区区域性大雪季节变化

2.3　北京地区大风日气候特征

北京地区大风日标准:30%平原站(4 个)出现风速超过 17 m/s 大风,并排除雷暴大风。

从北京地区大风天气发生的年变化(见图 2.5)图中可以看出,1981—2010 年 30 年中,大风日数整体呈现逐渐减少的趋势。从 1981 年的 35 天左右减少到 2010 年的 5 天左右。大风日数在 20 世纪 90 年代前期与 21 世纪初期出现过短暂的回升,随后又快速下落。

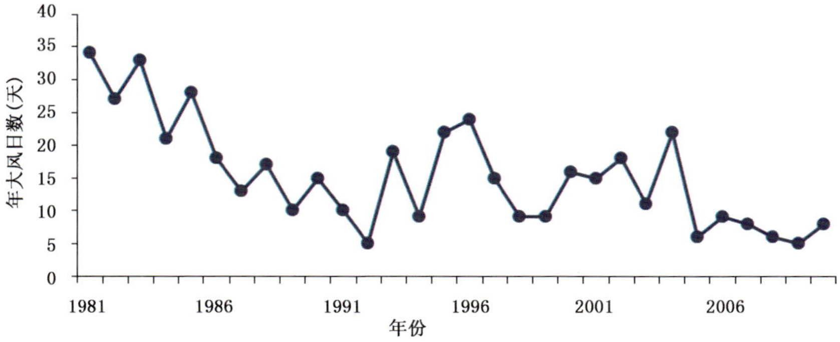

图 2.5　北京地区大风年变化

北京地区大风季节变化十分明显(见图 2.6),从 9 月开始大风日逐渐增多,到次年 4 月达到最多,然后再逐渐减小,到 7、8 月变为零。可以看出,排除雷暴大风后,北京地区夏季基本不会出现大风天气,秋、冬、春三季都会出现大风天气,并且每个月平均会出现两个大风日。春季 3、4 月是一年中大风天气出现最多的两个月,平均每个月近 3 个大风日。

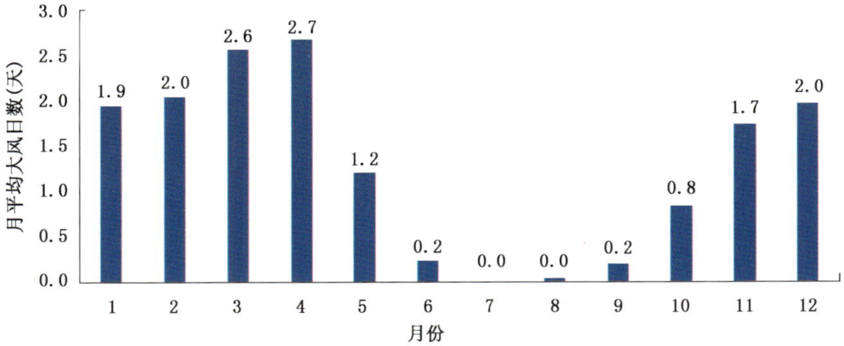

图 2.6　北京地区大风季节变化

2.4　北京地区沙尘日气候特征

北京地区沙尘日标准:50%平原站(7 个)出现沙尘。

从北京地区沙尘天气发生的年变化(见图 2.7)图中可以看出,1981—2000 年,沙尘天气整体呈现逐渐减少的趋势。然而从进入 21 世纪开始,沙尘天气又呈现逐渐增多的趋势。尤其是 21 世纪初和 2006 年,沙尘天气从无突然增加到一年出现 10 天左右。到 2010 年，基本维持在 3 天左右。

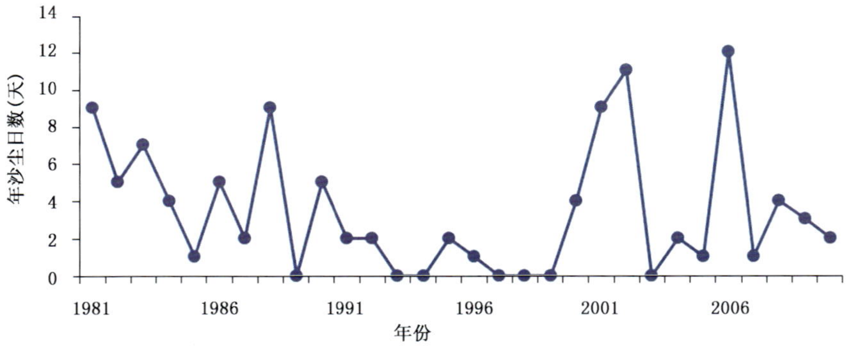

图 2.7　北京地区沙尘年变化

北京地区沙尘天气的季节变化（见图 2.8）具有显著的季节性特征，基本全部集中在春季 3—5 月，并且每个月平均都会出现 1 个沙尘日，可见，春季是北京地区沙尘天气的多发季节。北京地区其他季节基本不会出现沙尘天气。

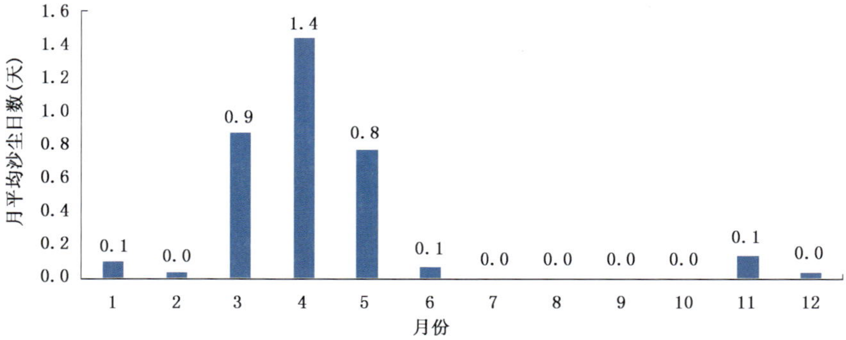

图 2.8　北京地区沙尘季节变化

2.5　北京地区高温日气候特征

北京地区高温日标准：30％平原站（4 个）出现≥35℃的高温。

根据北京地区高温天气发生的年变化（见图 2.9）图可以发现，1981—2010 年 30 年中，高温日数基本呈现逐渐增多的趋势。20 世纪 90 年代中期之前，每年出现高温的日数在 5 天左右；随后高温日数出现骤增，2000 年高温日数更是超过了 25 天。虽然随后开始逐渐减少，但是每年基本平均在 10 天左右，较 1995 年之前，仍增长了一倍。

北京地区高温日数的季节变化（见图 2.10）与暴雨日数变化基本一致，具有显著的季节性特征，全部集中在 5—8 月，尤其是 6、7 月中。5 月与 8 月虽然也会出现高温，但平均都在 1 个高温日以下。6、7 月两个月平均高温日达到了近 4 天，可见北京地区高温天气基本均发生在6、7月。

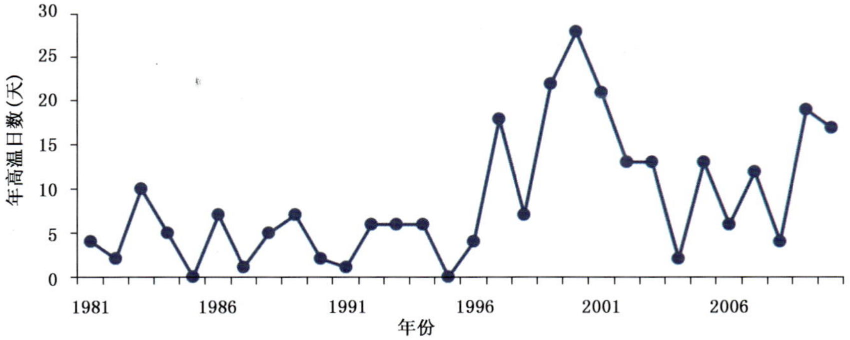

图 2.9 北京地区高温年变化

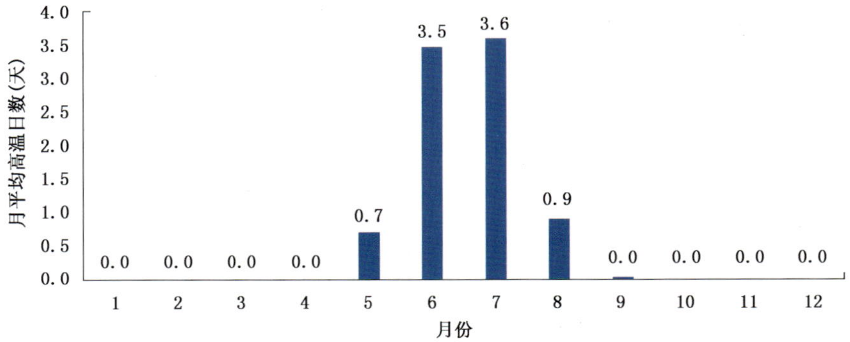

图 2.10 北京地区高温季节变化

2.6 北京地区大雾日气候特征

北京地区大雾日标准:30%平原站(4个)出现大雾。

从北京地区大雾天气发生的年变化(见图2.11)图中可以看出,2000年前,大雾天气年发生日数没有明显的变化趋势,基本维持在10～20天。然而从21世纪开始,大雾天气呈现逐渐减少的趋势,2005年后更是减少到每年5天以下。

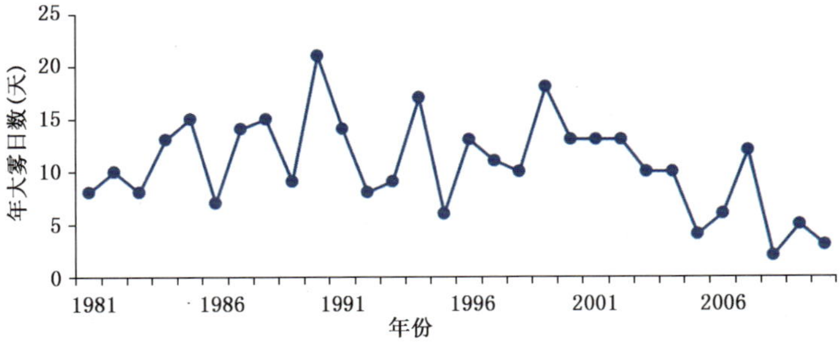

图 2.11 北京地区大雾年变化

根据图 2.12 可以看出，北京地区大雾日数的季节变化为从 8 月份开始逐渐增多，到 12 月后开始逐渐减少，5—7 月出现的最少。因此，北京地区大雾多出现在秋冬两季，春夏两季发生大雾的可能性较低。其中，秋季 10 月份平均发生大雾的日数接近 2 天，是一年中最容易出现大雾的时段。

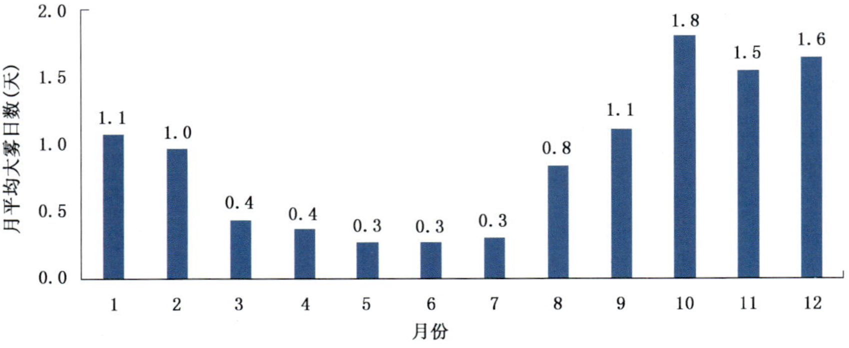

图 2.12　北京地区大雾季节变化

2.7　北京地区霾日气候特征

北京地区霾日标准：50％平原站(7 个)出现霾。

从北京地区霾天气发生的年变化(见图 2.13)图中可以看出，1981—2010 年 30 年中，年平均霾日数呈现逐渐增多的趋势。尤其是 20 世纪 90 年代中期开始，有一个快速的增加过程。由先前的年平均 20 日以下，快速增加到 60 日，增长了两倍。到了 21 世纪，更是增加到年平均 100 日。虽然随后又有所下降，但还是维持在 60 日以上。

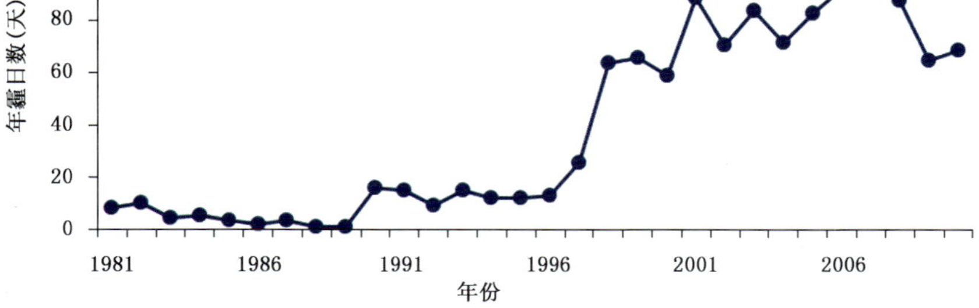

图 2.13　北京地区霾年变化

北京地区霾日数的季节变化(见图 2.14)并不明显，除 5 月、8 月和 9 月是两天外，其他月份月平均霾日基本都是 3～4 天。可见，霾天气的发生与季节转换并无很大关系。

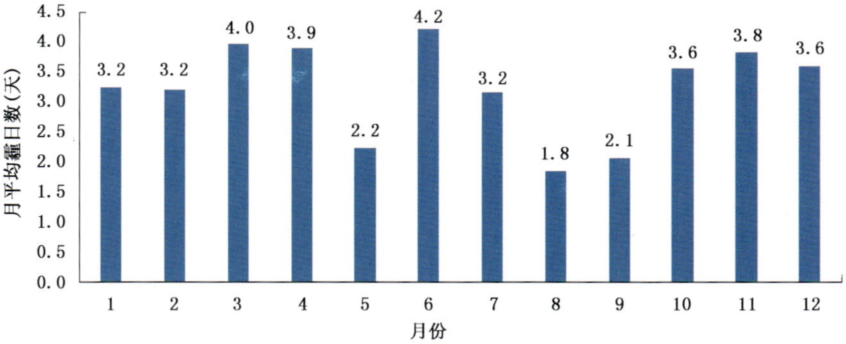

图 2.14　北京地区霾季节变化

2.8　北京地区冰雹日气候特征

北京地区冰雹日标准:1 个站出现冰雹。

从北京地区冰雹天气发生的年变化(见图 2.15)图中可以看出,1981—2010 年 30 年中,冰雹天气整体呈现逐渐减少的趋势。20 世纪 80 年代年平均冰雹日最多可以达到 25 天左右,而到了 2010 年,已经降到了 5 天左右。21 世纪以来,每年冰雹日平均在 10 天左右。

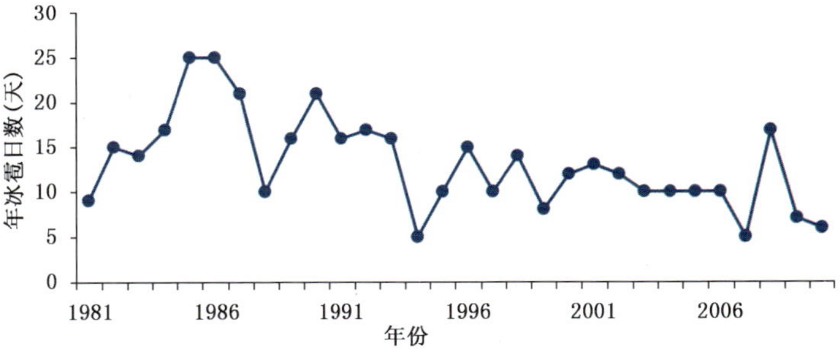

图 2.15　北京地区冰雹年变化

北京地区冰雹日数的季节变化(见图 2.16)非常明显,基本集中在整个夏季,从 5 月夏初到 9 月夏末发生冰雹的可能性都较大。6—8 月是冰雹发生的主要时段,从月平均冰雹日来看,每个月平均都会出现 3 天左右的冰雹天气。

2.9　北京地区雷暴大风日气候特征

北京地区雷暴大风日标准:1 个站出现雷暴大风(不包括佛爷顶)。

北京地区雷暴大风天气发生的年变化(见图 2.17)在 1981—2010 年 30 年中,整体呈现逐渐减少的趋势。30 年平均在 15～20 天左右。21 世纪前十年,每年发生雷暴大风天气大概在 15 天左右，变化起伏并不大。

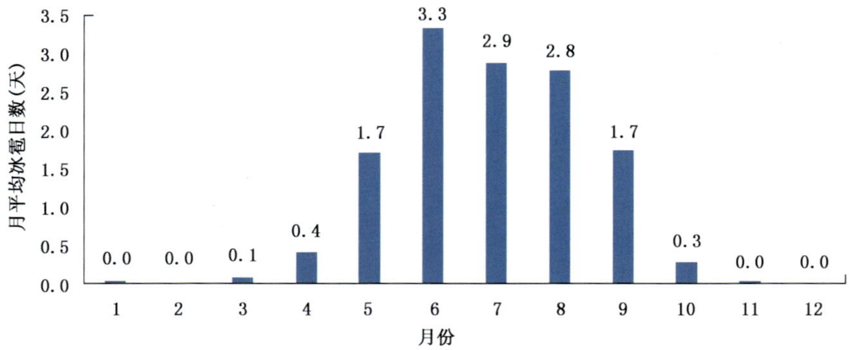

图 2.16　北京地区冰雹季节变化

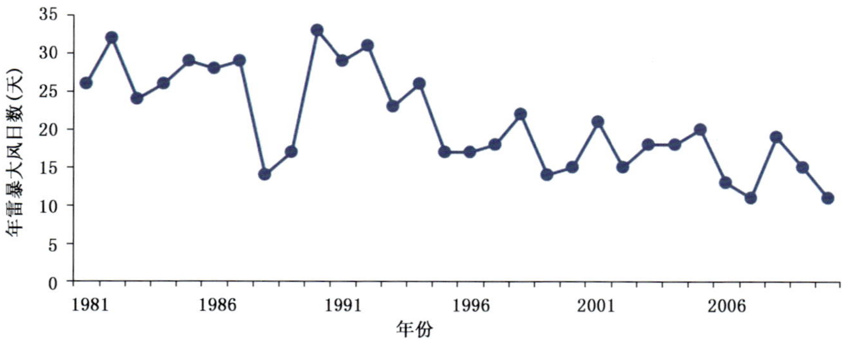

图 2.17　北京地区雷暴大风年变化

北京地区雷暴大风天气的季节变化(见图 2.18)非常明显，同冰雹一样基本集中在整个夏季，从 5 月夏初到 9 月夏末发生雷暴大风天气的可能性都较大。6、7 月是雷暴大风发生的主要时段，月平均雷暴大风日超过了 5 天。另外较早的春季 4 月和较晚的初秋 10 月，也有可能出现雷暴大风天气。

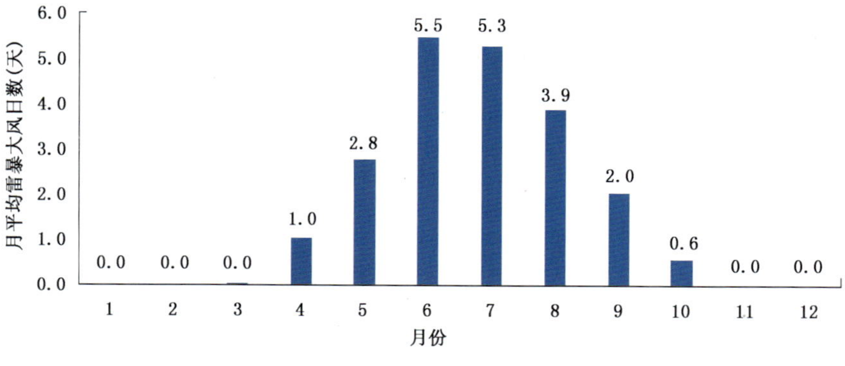

图 2.18　北京地区雷暴大风季节变化

2.10　北京地区局地暴雨日气候特征

北京地区局地暴雨日标准:1 个站出现暴雨(排除区域性暴雨)。

北京地区局地暴雨的发生并无明显的年变化(见图 2.19)。除个别年份出现了超过 10 天以上的局地暴雨日外,大部分年平均局地暴雨日基本维持在 5～10 天。极端最多是 1996 年,接近 20 天;最少的年份不到 5 天。

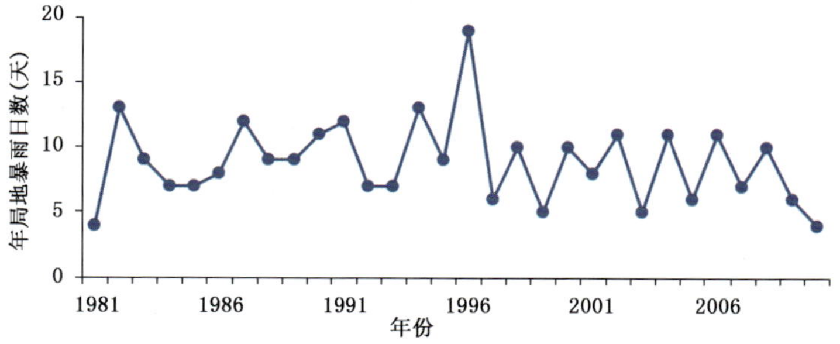

图 2.19　北京地区局地暴雨年变化

局地暴雨的季节变化(见图 2.20)具有显著的季节性特征,与区域性暴雨一样,基本集中在夏季 6—8 月。尤其是盛夏 7、8 月,月平均局地暴雨日数超过了 3 天。6 月与 9 月也出现了局地暴雨;5 月与 10 月局地暴雨日数就非常小了。北京地区其他时段不会发生局地暴雨。

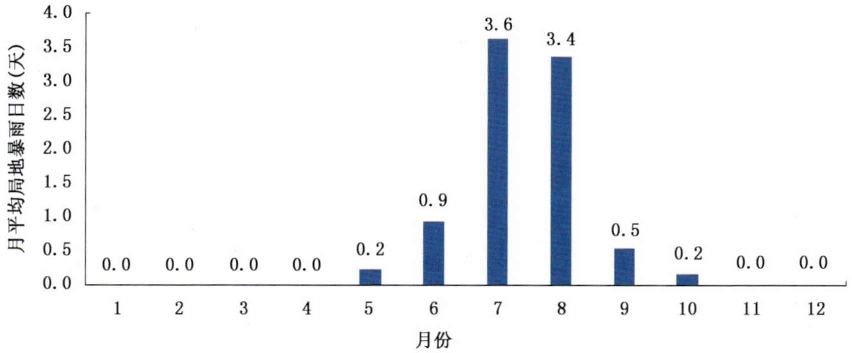

图 2.20　北京地区局地暴雨季节变化

第二部分　北京地区灾害性天气概念模型

3　区域性暴雨天气概念模型

3.1　区域性暴雨的物理量阈值及特征

（1）区域性暴雨发生的水汽条件阈值：北京发生区域性暴雨时，一般来说，需要各层湿度满足的阈值见表 3.1 和表 3.2。

表 3.1　区域性暴雨发生各层露点（T_d）和比湿（q）

	地面	850 hPa	700 hPa	500 hPa
T_d（℃）	＞22	＞15	＞5	＞－10
q（g/kg）	＞16	＞12	＞7.5	＞3.5

表 3.2　区域性暴雨发生时的整层可降水量和低空水汽通量散度

整层可降水量	低空水气通量散度量级
50 mm	-10^{-7} g · cm^{-2} · s^{-1} · hPa^{-1}

（2）区域性暴雨上升运动数量级：北京发生区域性暴雨时，不同类型上升运动需要达到的数量级见表 3.3。

表 3.3　区域性暴雨发生时的上升运动数量级

	斜压扰动中准地转过程引起的大尺度上升运动（ω_L）	地形辐合和地形抬升所造成的机械强迫上升运动（ω_G）	边界层摩擦使气流向低压中心辐合产生的上升运动（ω_F）	静力不稳定大气中对流活动引起的上升运动（ω_C）
量级	-10^0 Pa/s	-10^1 Pa/s	-10^0 Pa/s	$-(10^1 \sim 10^2)$ Pa/s
可以产生的最大降水	50 mm/d	大暴雨和特大暴雨的重要因素，最大 500 mm/d	50 mm/d	大暴雨和特大暴雨

（3）地形：华北大暴雨和特大暴雨的出现与地形作用明显，因此，地形是区域性暴雨预报的重要因子。

(4)北京夏季的暴雨一般都伴有对流发生。

(5)强降水持续时间:区域性暴雨的持续时间一般在 12 小时以上。

3.2　蒙古低涡型暴雨

蒙古低涡型暴雨是指,在蒙古地区(含我国内蒙古),一般在 90°～115°E,40°～50°N 范围内,700 hPa 存在一个闭合的低压系统或有一个明显的低涡环流,低涡切变线附近强烈上升运动与低涡前部偏南急流输送的充沛水汽在北京形成的区域性暴雨。

造成北京地区区域性暴雨的蒙古低涡型暴雨天气概念模型如图 3.1 所示,各层天气形势特征见表 3.4。

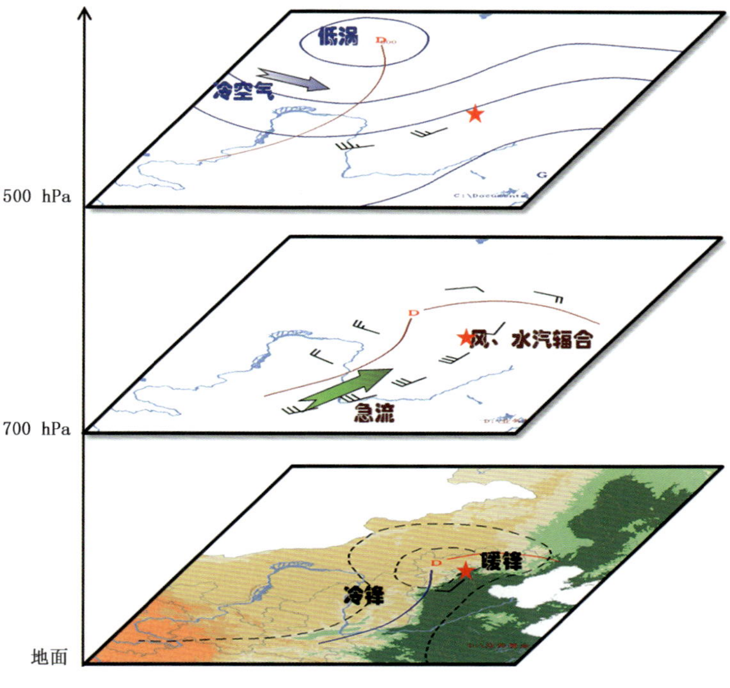

图 3.1　蒙古低涡型暴雨天气概念模型图

表 3.4　蒙古低涡型暴雨天气形势特征

高度	形势特征
200 hPa	急流轴位于北京北部 300～500 km
500 hPa	低涡位于蒙古国或我国内蒙古,长波槽位于 100°～110°E 下游高压脊线位于 120°～140°E,即日本海为高压

续表

高度	形势特征
700 hPa	低涡位于北京西北方 北京位于低涡暖切变线南侧，西南急流的顶端，急流向北京输送水汽
850 hPa	低涡切变线逐渐东移靠近并影响北京 北京位于急流顶端辐合区
地面	地面一般有气旋配合，北京位于暖锋附近

3.3　副高西风槽型暴雨

副高西风槽型暴雨是指，副高脊线北抬至长江流域，500 hPa 高空槽在 110°E 附近，副高外围强烈偏南急流输送的充沛水汽与中低空(850 hPa 或 700 hPa)高空槽附近强烈的上升运动在北京地区形成的区域性暴雨。

造成北京地区区域性暴雨的副高西风槽型暴雨天气概念模型如图 3.2 所示，各层天气形势特征见表 3.5。

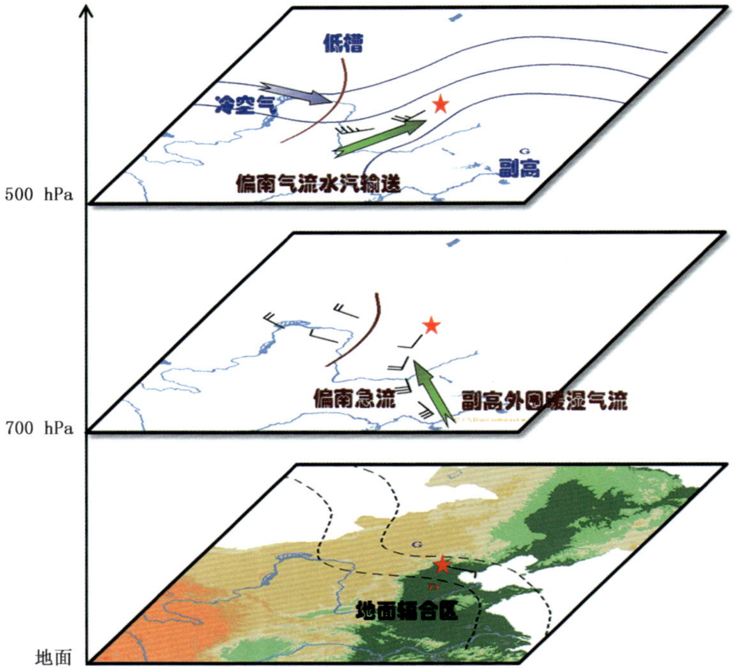

图 3.2　副高西风槽型暴雨天气概念模型图

表 3.5　副高西风槽型暴雨天气形势特征

高度	形势特征
200 hPa	急流轴位于北京北部 300～500 km
500 hPa	上游为宽广的低槽，长波槽位于 100°～110°E 副高 588 dagpm 线东侧位于黄淮中部一带
700 hPa	切变线位于山西高原一带，并继续东移影响北京 北京位于副高外围急流顶端辐合区，急流向北京输送水汽
850 hPa	受深厚的切变影响，具有强烈的动力上升运动 北京位于急流顶端水汽辐合区
地面	地面一般在辐合区

3.4　西南涡型暴雨

西南涡型暴雨是指，生成于青藏高原东侧，四川盆地北侧的西南涡，一般在 100°～110°E，25°～34°N，向东北方向移动至山西高原中部一带时，低涡前部偏南急流输送的充沛水汽和低涡切变线附近的强烈上升运动在北京地区形成的区域性暴雨。

造成北京地区区域性暴雨的西南涡型暴雨天气概念模型如图 3.3 所示，各层天气形势特征见表 3.6。

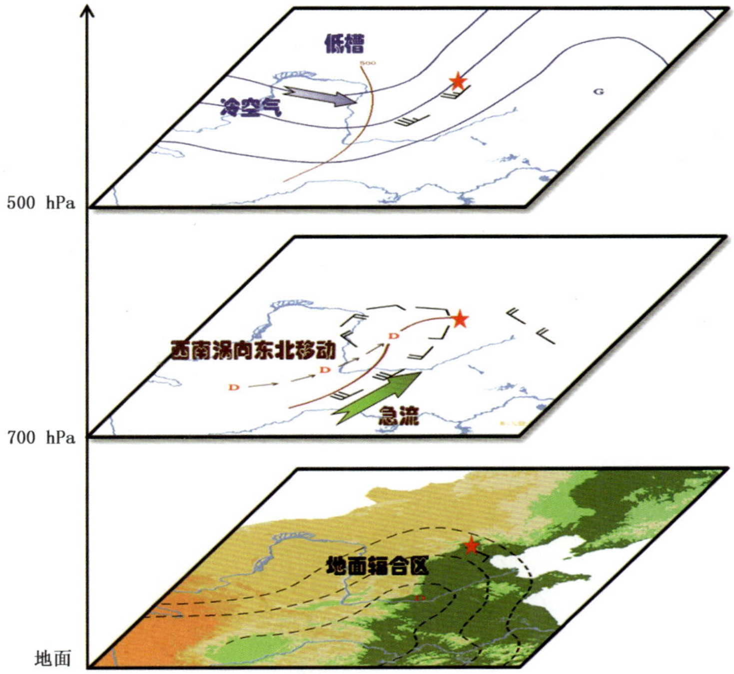

图 3.3　西南涡型暴雨天气概念模型图

表 3.6　西南涡型暴雨天气形势特征

高度	形势特征
200 hPa	急流轴位于北京北部 300～500 km
500 hPa	东高西低，长波槽位于 100°～110°E 高空槽后冷空气对于低涡的发展非常有利
700 hPa	西南低涡在四川盆地北部生成，自西南向东北移动；低涡移过山西中部一带时最有利于北京暴雨的发生；暴雨发生时低涡位于山西高原，北京位于低涡前部西南急流顶端，暖切变南侧
850 hPa	北京位于西南风风速辐合区，切变线附近
地面	地面倒槽辐合区

3.5　东北冷涡型暴雨

东北冷涡型暴雨是指，东北地区的冷性低涡，一般在 115°～130°E，40°～52°N，后部横槽在南压的过程中，与横切变线配合的高空冷空气与低空 850 hPa 以下暖平流输送的水汽在动力和热力垂直运动作用下在北京地区产生的区域性暴雨。

造成北京地区区域性暴雨的东北冷涡型暴雨天气概念模型如图 3.4 所示，各层天气形势特征见表 3.7。

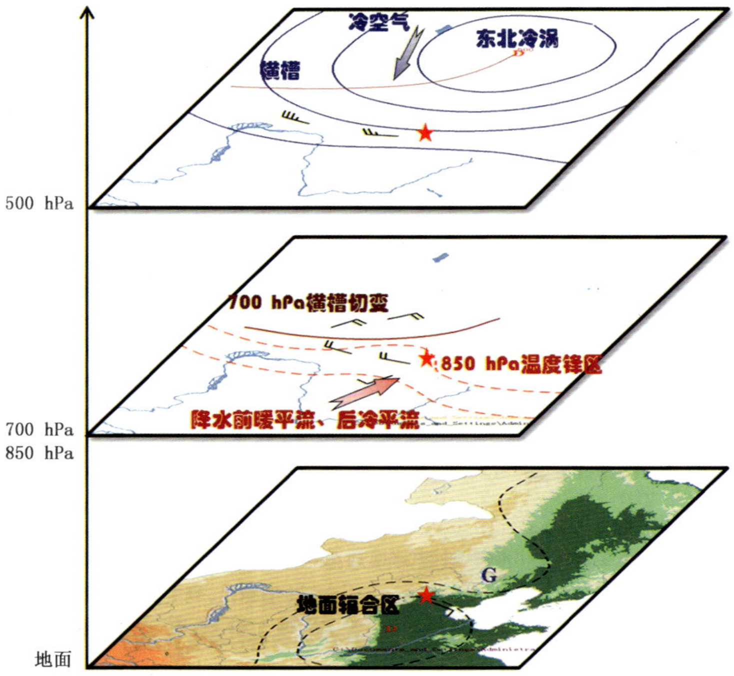

图 3.4　东北冷涡型暴雨天气概念模型图

表 3.7　东北冷涡型暴雨天气形势特征

高度	形势特征
500 hPa	东北地区为冷性低涡，北京位于涡后横槽的南侧 当天横槽携带冷空气南下影响北京
700 hPa	北京位于横槽切变线南侧，当天受切变线影响
850 hPa	温度锋区位于北京北侧，降水开始前为强的暖湿平流 随着各层系统靠近，降水开始以后逐渐转为锋后冷平流
地面	地面在辐合区，北京北部有东西走向锋区存在 随着冷空气南下，当天锋区南压影响北京，降水伴有强对流

3.6　台风深入内陆型暴雨

台风深入内陆型暴雨是指，在浙江及其以北地区登陆的强台风，沿副热带高压外围向北移动，移动到华北中南部一带时，台风环流带来的充沛水汽和高空东移的弱冷空气与台风相互作用的强烈垂直运动在北京地区造成的强降水。

造成北京地区区域性暴雨的台风深入内陆型暴雨天气概念模型如图 3.5 所示，各层天气形势特征见表 3.8。

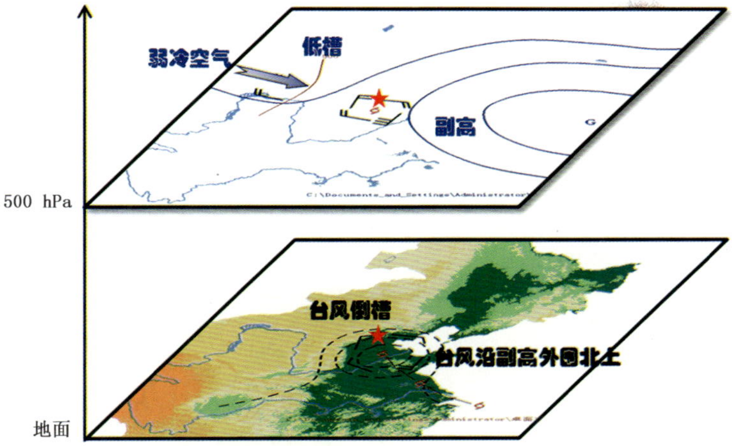

图 3.5　台风深入内陆型暴雨天气概念模型图

表 3.8　台风深入内陆型暴雨天气形势特征

高度	形势特征
200 hPa	辐散场
500 hPa	西风槽较深，移动缓慢 副高在东海附近稳定，脊线位于淮河一带；南北向的闭合副高控制黄渤海
700 hPa	偏东的低空急流
850 hPa	台风环流，偏东南风与地形的相互作用

续表

高度	形势特征
地面	深厚的热带气旋系统向北挺进过程中，保持在北京以西(115°E)附近 地形对降水的增幅作用明显；能造成华北暴雨的台风登陆时多为强台风 登陆地点一般在浙江及以北沿海
时间	多集中在7月下旬到8月上旬，该期间影响占85%

4　区域性大雪天气概念模型

4.1　低涡低槽型大雪

低涡低槽型大雪是指，700 hPa在内蒙古、山西北部、河北西北部形成闭合的低涡，850 hPa也在该地区存在明显的低涡环流，低涡前部暖湿平流带来的水汽和低涡切变线附近的强烈上升运动在北京地区造成的区域性大雪。

造成北京地区区域性大雪的低涡低槽型大雪天气概念模型如图4.1所示，各层天气形势特征见表4.1。

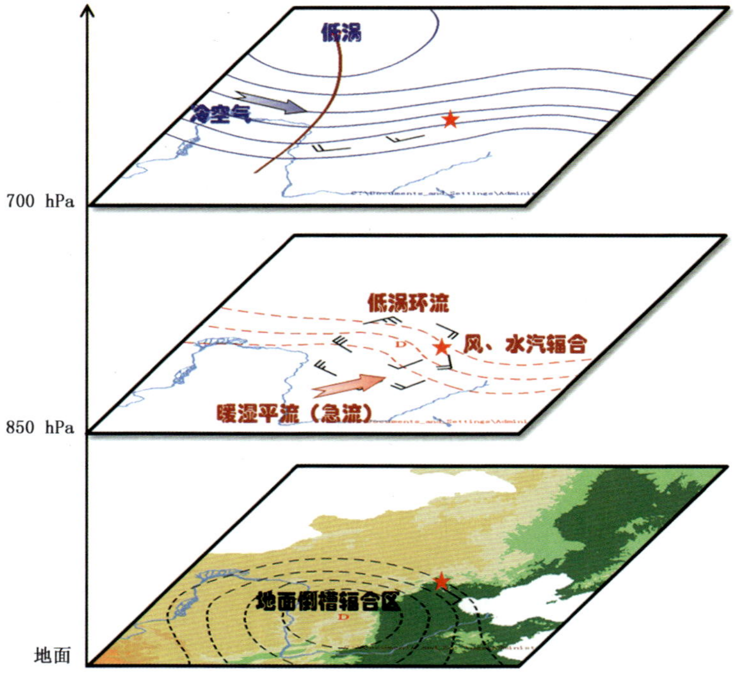

图4.1　低涡低槽型大雪天气概念模型图

表 4.1　低涡低槽型大雪天气形势特征

高度	形势特征
500 hPa 700 hPa	700 和 500 hPa 有低涡低槽配合 降水主要出现在暖区动力辐合上升条件最好的时段内
850 hPa	850 hPa 有闭合的暖性低涡，低涡前存在明显的暖平流，涡后为冷平流，低涡中心的位置在 36°～45°N 和 112°～117°E 之间
地面	地面有闭合的辐合中心，主要降雪发生在地面低压中心的前部
冷空气路径 与降雪落区	冷空气为西北路径，沿高空槽后扩散南下；降水以暖区降水为主 降雪区主要位于低压辐合区(倒槽)东北部和北部；并在 850 hPa 和 700 hPa 高空槽前，850 hPa 暖平流区

4.2　低槽型大雪

低槽型大雪是指，河套以东的高空槽从 850 hPa 到 500 hPa 明显后倾，850 hPa 槽前偏南暖湿气流与槽后冷空气在高空槽附近交汇，当各层高空槽进一步东移靠近北京时，在北京地区形成的区域性大雪。

造成北京地区区域性大雪的低槽型大雪天气概念模型如图 4.2 所示，各层天气形势特征见表 4.2。

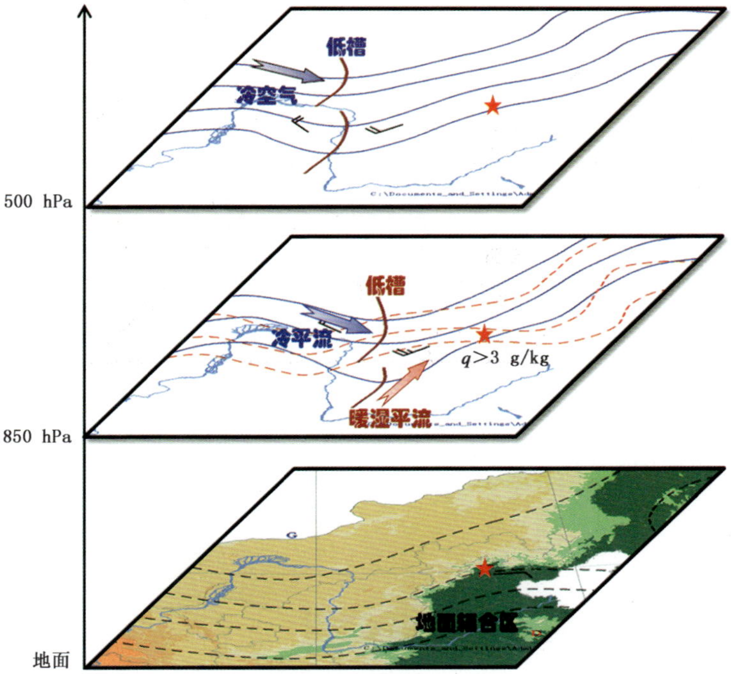

图 4.2　低槽型大雪天气概念模型图

表 4.2 低槽型大雪天气形势特征

高度	形势特征
500 hPa	河套附近高空槽，槽前西南风强盛
700 hPa 850 hPa	有径向度较大的低槽，850 hPa 以下为偏南气流，为降雪过程提供充沛的水汽 当出现大尺度低空急流时，急流顶端的横切变附近可能出现特大暴雪
地面	弱辐合区
冷空气路径 与降雪落区	冷空气以偏西路径为主，冷槽较深厚 降雪落区主要分布在 850～700 hPa 高空槽附近，地面锋面前后

4.3 回流型大雪

回流型大雪是指，当 500 hPa 在东北地区为冷性低涡，北京地区从 850 hPa 到地面表现为冷高压后部偏东风控制，冷空气沿东北方向侵入北京，700 hPa 及以上为高空槽前暖湿气流时，850 hPa 以下东北地区南下的冷空气与 700 hPa 偏南暖湿气流交汇在北京地区造成的区域性大雪。如果东北冷空气为湿冷空气则降水更明显。

造成北京地区区域性大雪的回流型大雪天气概念模型如图 4.3 所示，各层天气形势特征见表 4.3。

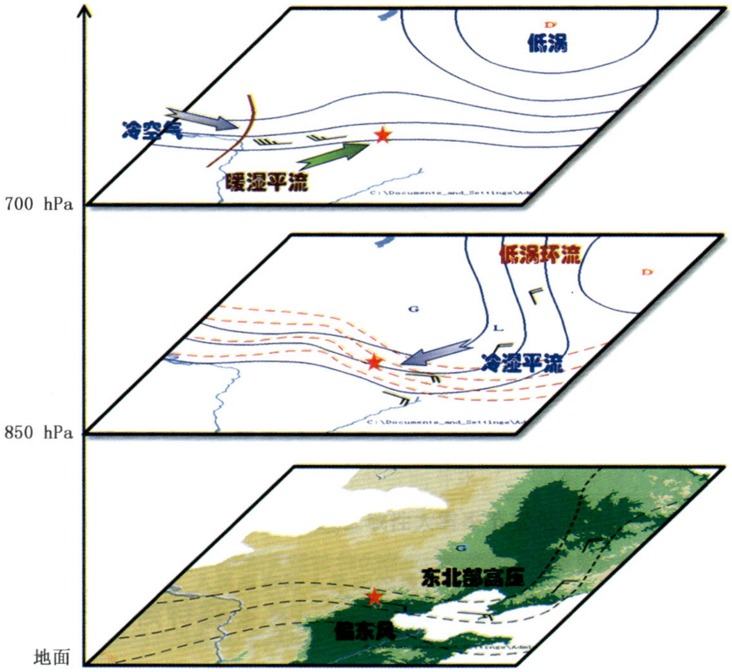

图 4.3 回流型大雪天气概念模型图

表 4.3 回流型大雪天气形势特征

高度	形势特征
500 hPa	东北地区为冷性低涡
700 hPa	40°N 为偏西气流，河套以东有弱高空槽东移，槽前有偏南暖湿气流
850 hPa	北京位于冷高压底部，有强冷空气堆在该地区 西北—东南走向的锋区位于北京北侧，北京受东北风控制
925 hPa	东北地区西部为冷性高压，并伴有强冷空气堆在东北地区上空 如果北京上游为大湿度区，受冷湿平流影响，则降雪更明显
地面	东高，地面偏东风，一般前期上游出现过降雪 降雪区主要分布在东北风锋区附近，700 hPa 暖湿气流前部水汽辐合区

5 大风天气概念模型

受西北或偏北路径的强冷空气影响，北京在秋、冬、春三个季节很容易出现大风天气。定义北京 4 个平原站出现超过 17 m/s 的大风为北京的一个大风日。

北京地区出现大风的天气概念模型如图 5.1 所示，出现大风时的各层天气形势特征见表 5.1。

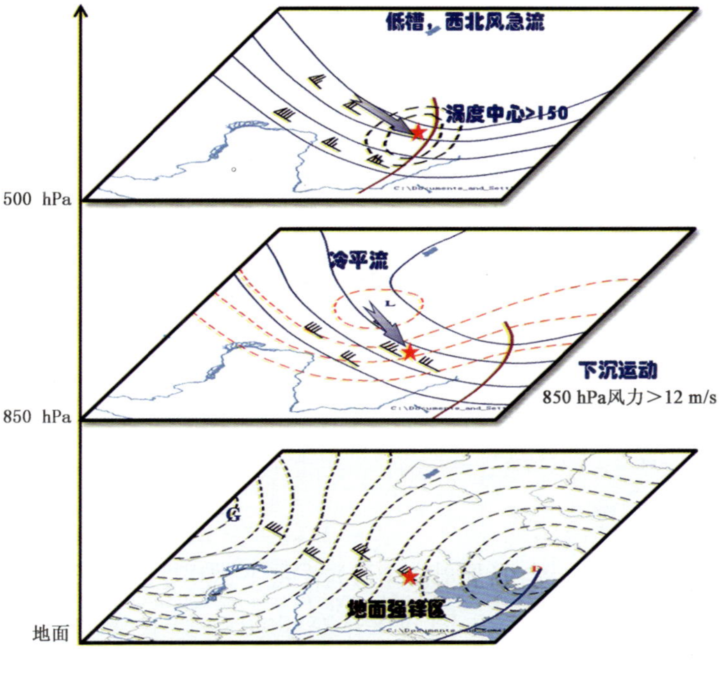

图 5.1 大风天气概念模型图

表 5.1 大风各层天气形势特征

高度	形势特征
200 hPa	偏西或西北风急流
500 hPa	槽后有偏北急流轴指向北京，风力大于 20 m/s 与高空槽配合的正涡度大值区经过北京；过北京的涡度值大于 $150\times10^{-6}\ s^{-1}$
850 hPa	偏北风力超过 12 m/s，强锋区过北京，边界层为下沉运动中心
地面	地面高压沿西北路径影响北京；地面较大的气压梯度 3 小时正变压大于 10 hPa

6 沙尘天气概念模型

沙尘天气分为浮尘、扬沙、沙尘暴。北京的沙尘天气以浮尘和扬沙为主。其中浮尘为外来输送的沙尘，扬沙为本地扬起的沙尘。

6.1 影响北京地区沙尘的沙源地分布及路径

造成北京浮尘天气的沙源地及输送路径如图 6.1 所示。从西路影响北京的沙源地有腾格里沙漠、乌兰布和沙漠、库布齐沙漠和毛乌素沙地；从北路影响北京的沙源地有科尔沁沙地和浑善达克沙地；而从西北路径影响北京的沙源地主要以蒙古戈壁为主。

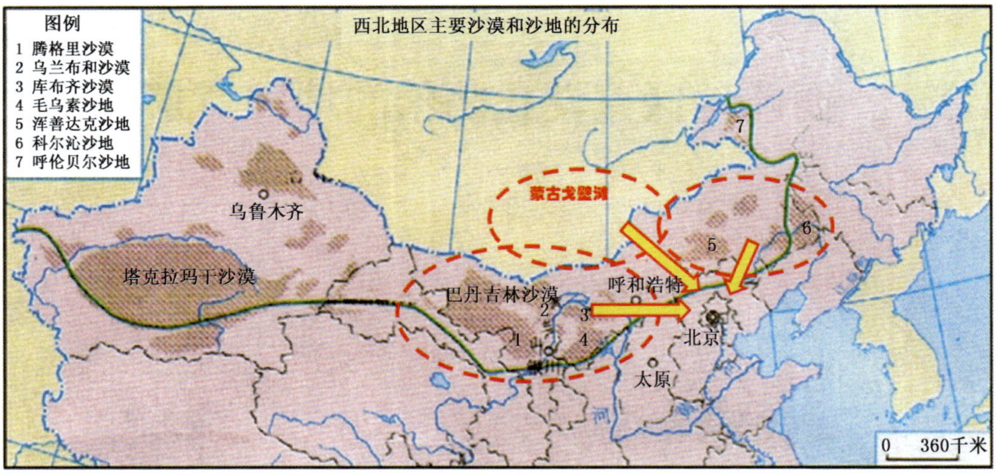

图 6.1 影响北京地区沙尘的沙源地分布及路径

6.2　沙尘天气概念模型

6.2.1　浮尘天气模型

造成北京地区浮尘天气的沙尘的传输模型如图 6.2 所示。沙源地的沙漠在动力和热力条件下从当地扬起，在空中大风的水平输送作用下，沿空中风传输方向向北京地区输送，到北京后有一定的沉降，从而形成北京的浮尘天气。沙源地沙尘的扬起有动力起沙机制和热力起沙机制两类：动力起沙机制主要指来自于锋面及辐合上升运动启动干对流；而热力起沙机制有两种，一种是当锋区附近高低空温差超过 28℃时有利于沙尘的对流上升造成扬起，二是当锋区经过沙源地的时间为中午到下午时段时，地表温度的升高有利于沙尘的扬起。

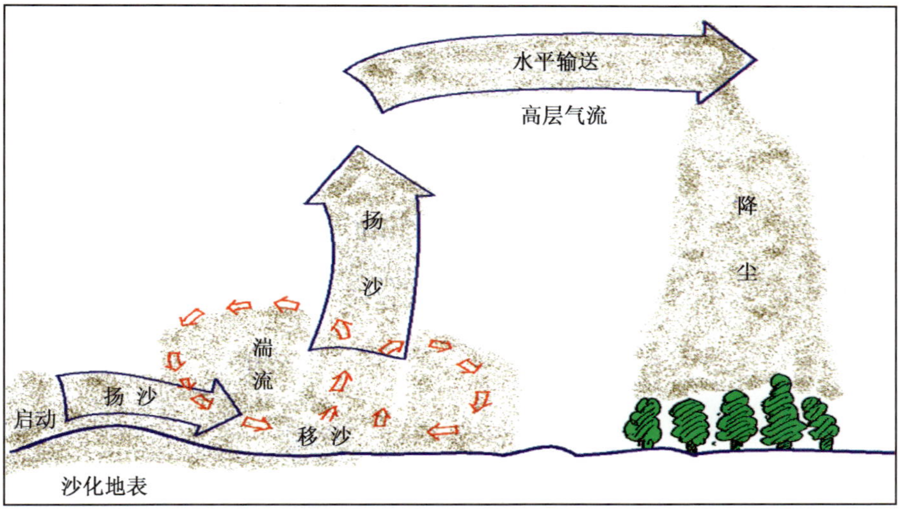

图 6.2　影响北京地区的沙尘传输模型

西路和西北路径沙尘传输天气概念模型如图 6.3 所示，各层天气形势特征见表 6.1，沙尘在西北部沙源地附近被扬起，如图中棕色圈区域所示，然后沿西北大风向北京传输（蓝色箭头所示），在北京沉降，造成北京的浮尘天气。

偏北路径沙尘传输天气概念模型如图 6.4 所示，各层天气形势特征见表 6.1，沙尘在北方沙源地附近被扬起（如图中棕色圈区域所示），然后沿横槽后部偏北大风（蓝色箭头所示）向北京传输，在北京沉降，造成北京的浮尘天气。

6.2.2　本地扬沙天气形势特征

北京 3—5 月份，在出现大风天气时（参考大风天气概念模型，见图 5.1），并且锋区经过北京的时间为午后，锋区附近高低空温差大于 28℃时，常常伴有本地沙尘扬起，造成扬沙天气。

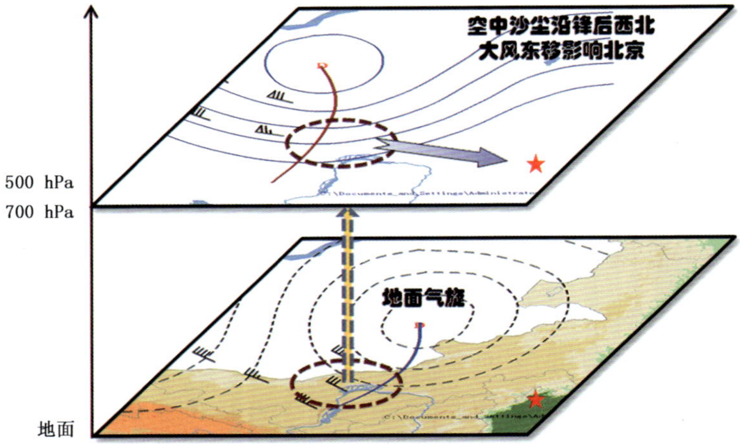

图 6.3　西路和西北路径沙尘传输天气概念模型

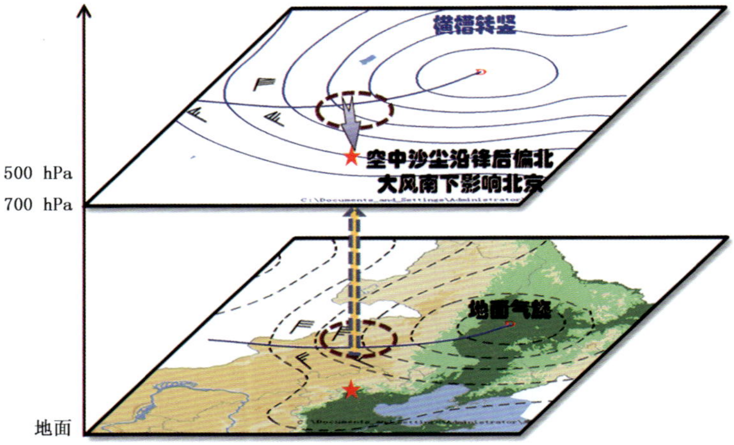

图 6.4　偏北路径沙尘传输天气概念模型

表 6.1　沙尘天气各层形势特征

高度	形势特征
500 hPa	500 hPa 的西风急流有利于沙尘出现;500 hPa 西风槽过境后,北京地区转受槽后偏北气流控制,由于高度场径向度很大,引导冷空气快速南下
700 hPa	对流层中层 700～500 hPa 的平均风速要足够大,风速决定了传输的快慢;风向决定了沙尘未来的移动方向
850 hPa	沙源地附近午后受热力作用与低压辐合区共同影响,出现了沙尘暴,此后受西北或偏北气流的输送,在北京地区尘降,出现浮尘天气
地面	地面形成气旋;气旋经过沙源地;冷高压配合地面大风迅速南下,与东部低压之间形成了很强的气压梯度,形成了很强的偏北大风,造成扬沙天气

7　高温天气概念模型

北京地区超过 35℃以上的高温多出现在 6—7 月。出现 35℃以上高温的天气时，一般湿度不大，空中盛行下沉气流，天气晴好。高温天气概念模型如图 7.1 所示，各层天气形势特征见表 7.1。

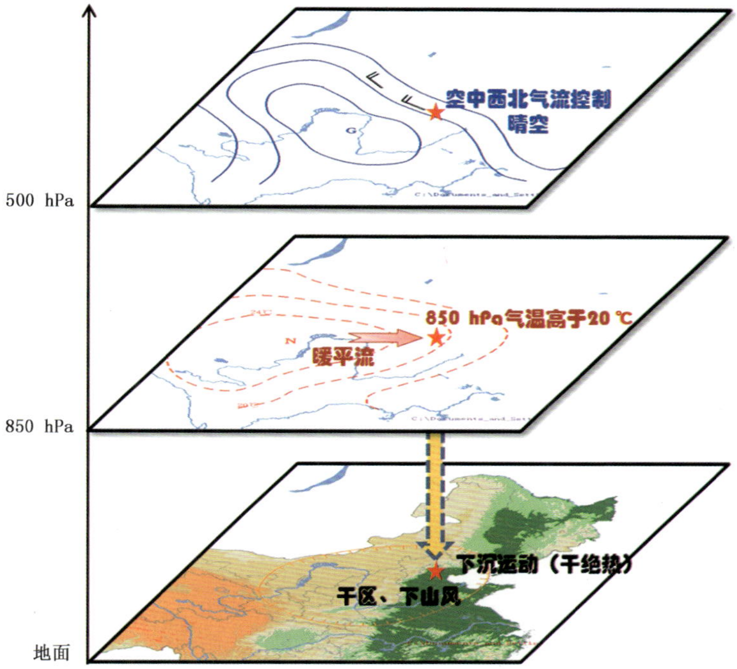

图 7.1　高温天气概念模型图

表 7.1　高温天气各层形势要素特征

高度	形势特征
500 hPa 700 hPa	西北气流，晴朗无云
850 hPa	北方地区受大陆高压控制，并为西南向东北伸展的暖脊；晴朗无云 当天为下沉运动 北京上空 850 hPa 气温至少高于 18℃，一般高于 20℃；暖气团中心大于 24℃
地面	地面也为干空气控制

8 大雾天气概念模型

北京的大雾多为辐射和平流共同作用的混合雾。地面的湿平流和辐射降温两者都很重要。单纯辐射雾多发生在降水过后，如果冷空气影响不接地，此时近地面大湿度依然保持而高空晴朗易于辐射降温。

大雾天气的形成是湿平流和辐射降温的共同结果，而湿平流的原因也有很多。所以大雾在形成阶段并没有一定的模型，但大雾发生阶段的天气形势却有一些共同的特征。本书把这种特征归纳为大雾的天气概念模型（见图8.1）。除此之外，大雾发生时，在垂直方向上温度和湿度的分布也有一定特征（见图8.2），而各层天气形势特征描述见表8.1。

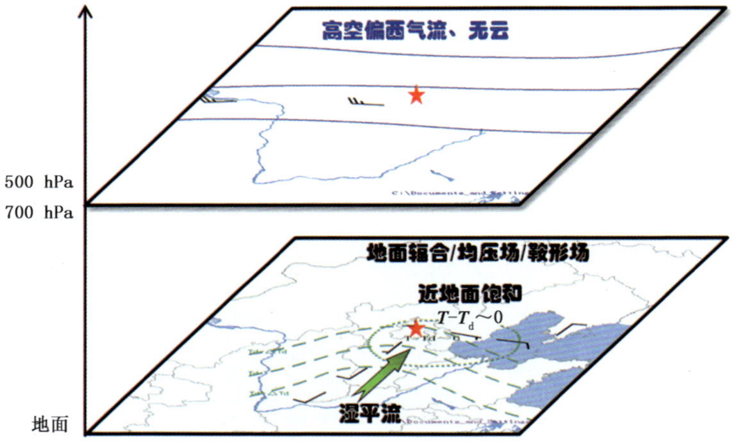

图8.1 大雾天气概念模型图

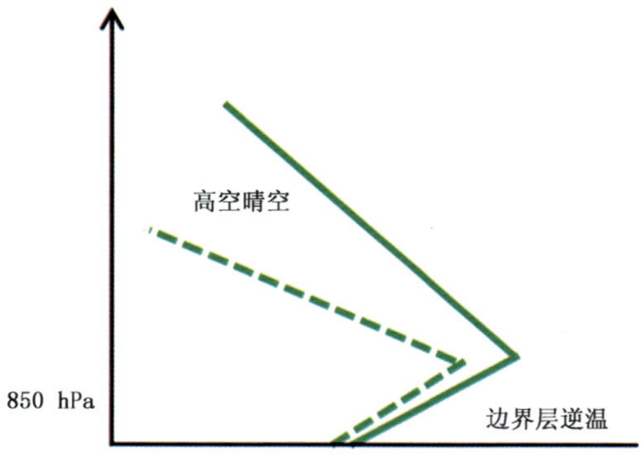

图8.2 大雾天气探空特征模型图

表 8.1　大雾天气各层形势特征

高度	形势特征
500 hPa 700 hPa	偏西气流，无云
850 hPa	850 hPa 以下存在逆温
1000 hPa	边界层内空气接近饱和，即 $T-T_d\sim0$ 辐射雾 T 趋向于 T_d；平流雾 T_d 趋向于 T
地面	弱气压场、均压、鞍形场

9　霾天气概念模型

霾形成阶段影响能见度变差的原因主要有如下三点：(1)辐合区、均压场或鞍形场内颗粒物和湿度缓慢持续地增长；(2)颗粒浓度输送增长；(3)湿度平流增大，导致颗粒物吸湿增长。

霾和雾一样，在颗粒物增长阶段的天气形势特征有很多，但在霾形成后的维持阶段，天气形势却有一些共同的特征(见图 9.1)，而各层的天气形势特征见表 9.1。

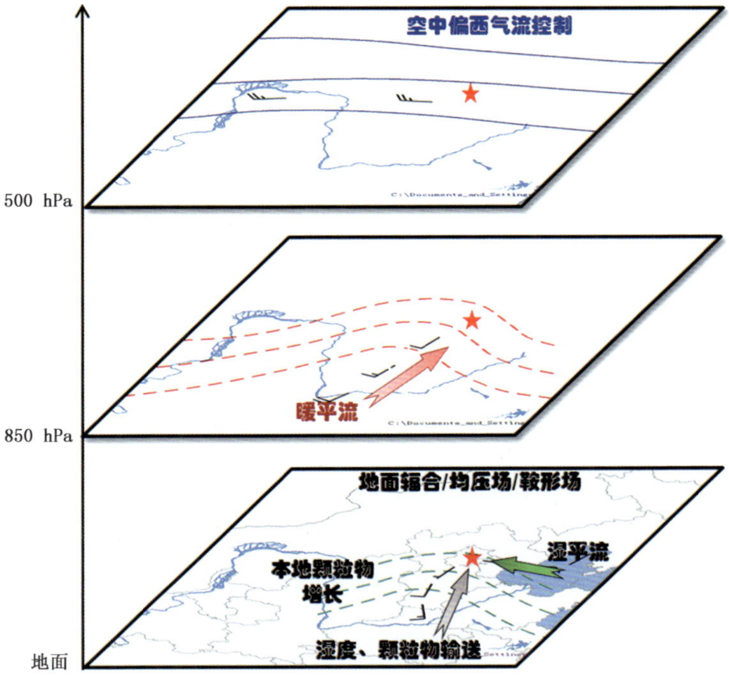

图 9.1　霾天气概念模型图

表 9.1 霾天气各层形势要素特征

高度	形势特征
500 hPa 700 hPa	西北气流或偏西气流，无强冷空气活动 即使有冷空气影响，也主要在高层，影响不接地
850 hPa	暖平流；逆温会加剧霾的堆积增长
1000 hPa	北风风力小于 3 m/s；边界层内湿度的增大对于霾的吸湿增长极为有利
地面	弱气压场、低压辐合区、鞍形场均有利于霾的形成和维持 地面 24 小时负变压有利于霾发展；湿度增大会加剧霾的浓度 颗粒物浓度增长至 100 $\mu g/m^3$ 以上；日最小相对湿度增长至大于 50%以上

10 强对流天气概念模型

北京的强对流天气以冰雹、雷暴大风和短时强降水三类为主。强对流天气的三个基本要素为：不稳定能量、水汽、触发机制。其中触发机制不直接决定强对流的类型；而形成不同类型强对流天气的主要因素在于温、湿的垂直分布（不稳定能量），温、湿的平流（干侵入、水汽积聚等）及风的垂直分布（风切变）条件，即不稳定能量、水汽和风的环境条件。所以，对于强对流的类型也以环境条件不同而分类。

10.1 冰雹形成的环境条件概念模型

北京发生强冰雹天气时，在大尺度环境场上一般呈现高空（650 hPa 以上）冷干和低空（850 hPa 附近）暖湿的特征，除此之外，200 hPa 冷槽和急流轴位于北京上空也是非常有利于发生强冰雹的重要特征。冰雹形成的大尺度环境条件概念模型如图 10.1 所示，冰雹形成的各层环境条件天气特征见表 10.1。

表 10.1 冰雹形成的各层环境条件天气特征

高度	形势特征
200 hPa	对流层上层 9～12 km 处，有稳定少变的冷槽，冷槽附近是一支极锋急流，急流轴心风速达 40～60 m/s 以上
650 hPa 以上 （500 hPa）	气层冷干；受冷温度槽，干冷空气影响 高空为偏西风
650 hPa 以下 （850 hPa）	气层暖湿，冰雹发生前为暖湿平流 低层为强不稳定，抬升凝结高度在 840 hPa 上下，因中低层湿度大，大气层结中蕴藏较大的不稳定能量；亦为形成冰雹提供了充足的水分 前期如果有偏南风急流，急流中心距地面几百米到两千米，风速达 20～30 m/s，与其对应还存在一个湿舌，对于强冰雹的发生极为有利
850 hPa 以下	有时在边界层还会有逆温的存在，逆温对于强冰雹的形成有重要作用 低空为偏南风

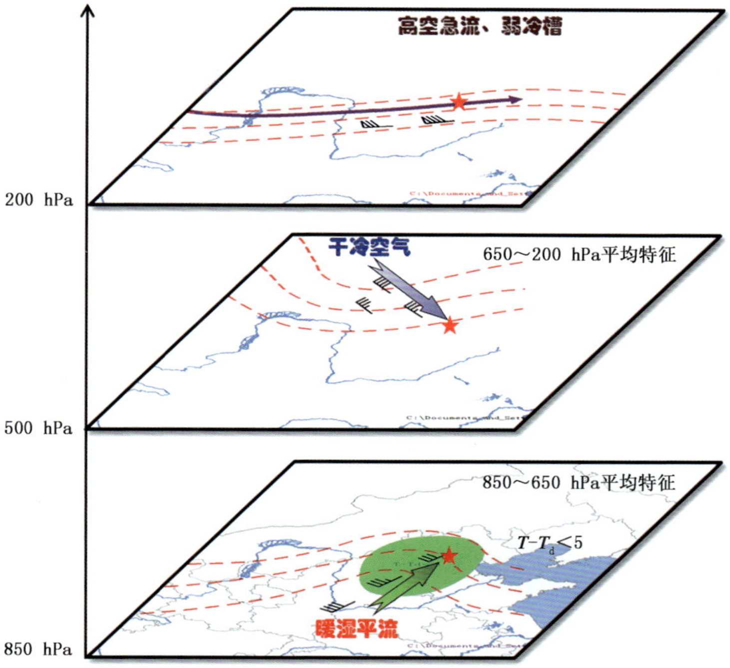

图 10.1　冰雹形成的环境条件概念模型

强冰雹发生的典型探空特征见图 10.2，而与冰雹天气相关的重要参数阈值见表 10.2。

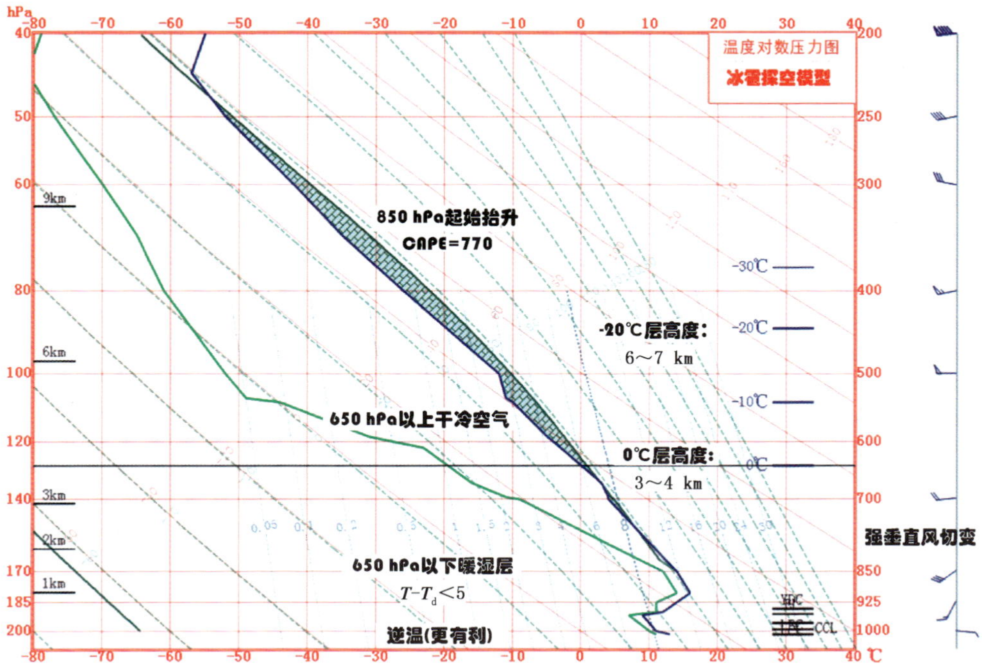

图 10.2　冰雹探空模型图

表 10.2　冰雹天气重点相关参数阈值

物理量	特征
0℃层高度	4 km 左右，平均高度 4.2 km
−20℃层高度	7 km 左右，平均高度 7.2 km
垂直风切变	强的垂直风切变（0～3 km 为东南转西北风）

10.2　雷暴大风形成的环境条件概念模型

雷暴大风的形成有两种情况，一种是下击暴流形成的辐散大风；另一种是与龙卷涡旋特征有关的旋转大风。这里给出的是下击暴流形成的第一种的模型。

北京发生雷暴大风时，在大尺度环境场上一般也是高空（650hPa 以上）冷干和低空（700hPa 附近或以下）暖湿的特征，边界层干绝热也是雷暴大风发生的重要特征。雷暴大风发生的大尺度环境条件概念模型见图 10.3，雷暴大风发生的各层环境条件天气特征见表 10.3。

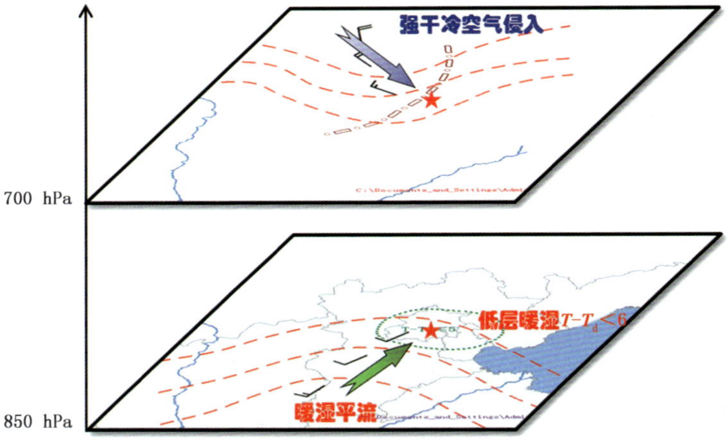

图 10.3　雷暴大风形成的环境条件概念模型图

表 10.3　雷暴大风形成的环境条件各层天气特征

高度	形势特征
200 hPa	对流层上层 9～12 km 处，有稳定少变的冷槽，槽附近是一支极锋急流，急流轴心风速达 40～60 m/s 以上
700 hPa	气层冷干；冷温度槽，干冷空气影响 600 hPa 附近的强干冷性空气卷入和大降水粒子下降拖曳是雷暴大风发生的触发原因
850 hPa	气层暖湿 低层为强不稳定，因中低层湿度大，大气层结中蕴藏较大的不稳定能量

雷暴大风发生的典型探空特征见图 10.4，而与雷暴大风天气相关的重要参数阈值见表 10.4。

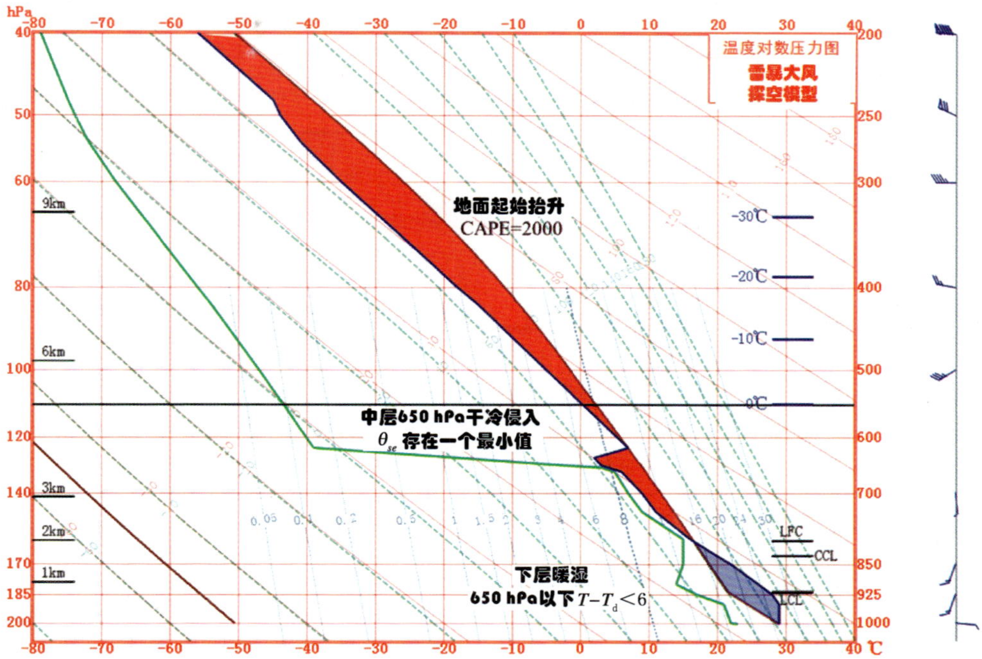

图 10.4　雷暴大风探空模型

表 10.4　雷暴大风天气重点相关参数阈值

物理量	特征
DCAPE	具有一定的 DCAPE，一般大于 600
垂直风切变	较强的垂直风切变
600 hPa 附近	存在一个明显的干层（在这个层次上下存在一个 θ_{se} 最小值）；因此有干冷气团卷入
低层温度递减率	边界层常为干绝热 接近干绝热，达到 0.66～0.78 ℃/km
底层最大 θ_e	＞70
中层最小 θ_e	＜55

10.3　局地暴雨形成的环境条件概念模型

北京局地暴雨的定义是一个观测站 24 小时内发生超过 50 mm 以上的降水天气，但短时强降水的定义更宽泛一些，一般小时降水量超过 20 mm 就是短时强降水。下面的概念模型同时适用于 20 mm/h 的短时强降水的类型。北京发生短时强降水时，在大尺度环境场上一般表现为整层湿度较大的特征。短时强降水发生的大尺度环境条件概念模型见图 10.5，短时强降水发生的各层环境条件天气特征见表 10.5。

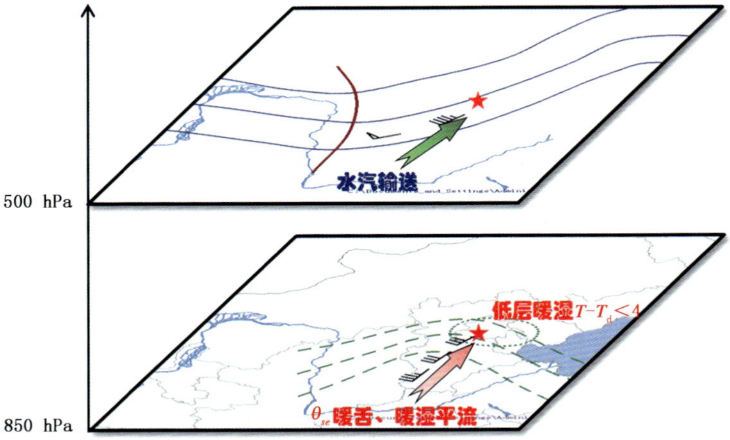

图 10.5 短时强降水形成的环境条件概念模型图

表 10.5 短时强降水环境条件形势特征

高度	形势特征
200 hPa	急流,急流轴心风速达 40～60 m/s 以上
500 hPa 700 hPa	一般也为西偏南的暖湿气流
850 hPa	θ_{se}的高能舌区,并且高能舌伸向北京

短时强降水发生的典型探空模型见图 10.6,而与短时强降水天气相关的重要参数阈值见表 10.6。

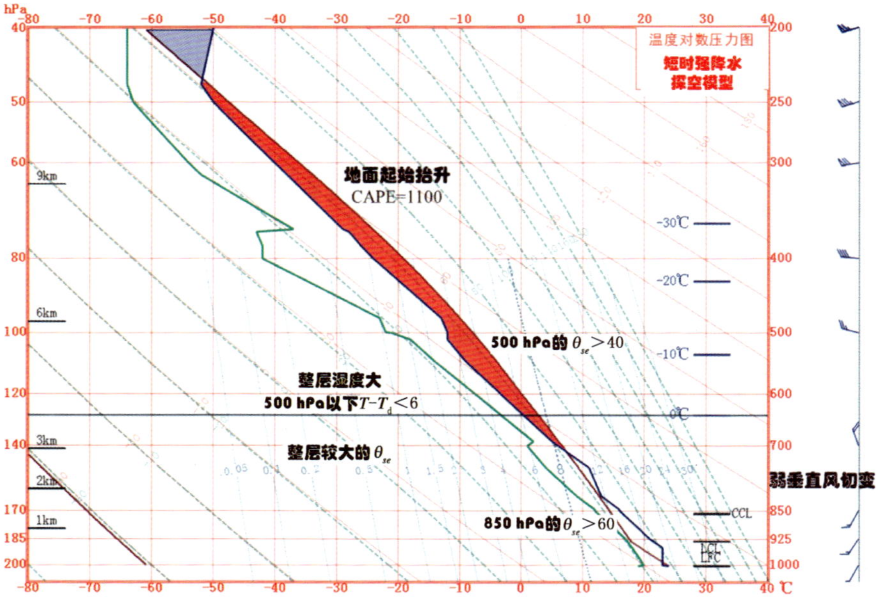

图 10.6 短时强降水探空模型

表 10.6　短时强降水天气重点参数阈值

物理量	特征
θ_{se}	整层 θ_{se} 值较大，暖湿条件好； 最大 θ_{se} 在 850 hPa 附近，一般大于 60
垂直风切变	对于垂直风切变无特别要求
CAPE	一般不大于 2000

10.4　强对流触发条件类型

在上一节给出了强对流发生的环境场特征，具备了上述的环境场特征后，还需要强对流触发条件，才能真正形成一次强对流天气过程。强对流触发条件分为地面触发条件和高空触发条件（高空的触发条件一般在 700 hPa 以下的空中各层），具体的触发条件类型见表 10.7。图 10.7 使用图示的方式给出了地面触发强对流的条件。

表 10.7　强对流触发条件类型

物理量	特征
地面触发强对流的条件	冷锋；地面辐合线；地形（与边界层风的夹角）；风暴出流边界；城市热岛；边界或要素梯度大值区（边界层辐合线、干线、中尺度锋区、海陆风、山谷风）
高空触发强对流的条件	高空槽；切变线；风速辐合（脉动）；低空急流；干线

关于高空天气尺度系统触发强对流的条件（包括部分地面条件），在研究角度还存在不同观点，部分观点认为，天气尺度的上升运动不足以触发雷暴。但很多的研究也表明，雷暴常常发生在天气尺度系统附近，原因有可能是天气尺度系统降水前部的阵风锋触发了雷暴，也有可能是天气尺度系统加强了中尺度低涡或切变辐合而触发了雷暴。所以，天气尺度高空系统在短期预报角度仍具有重要意义，但是在短临预报阶段需要关注边界层辐合线等中尺度系统。图 10.8 用图示的方式给出了高空触发强对流的条件。

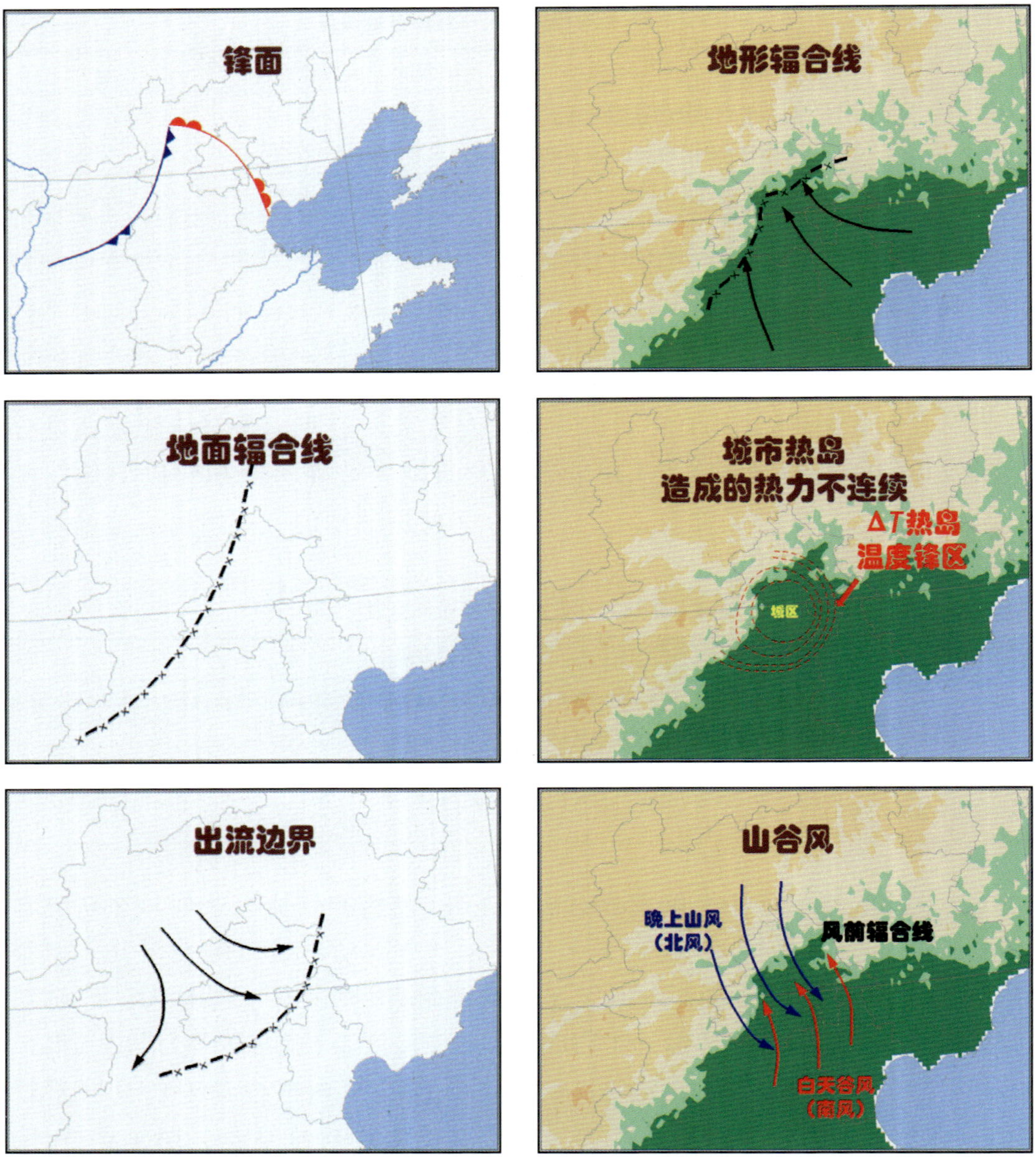

图 10.7　地面触发强对流类型

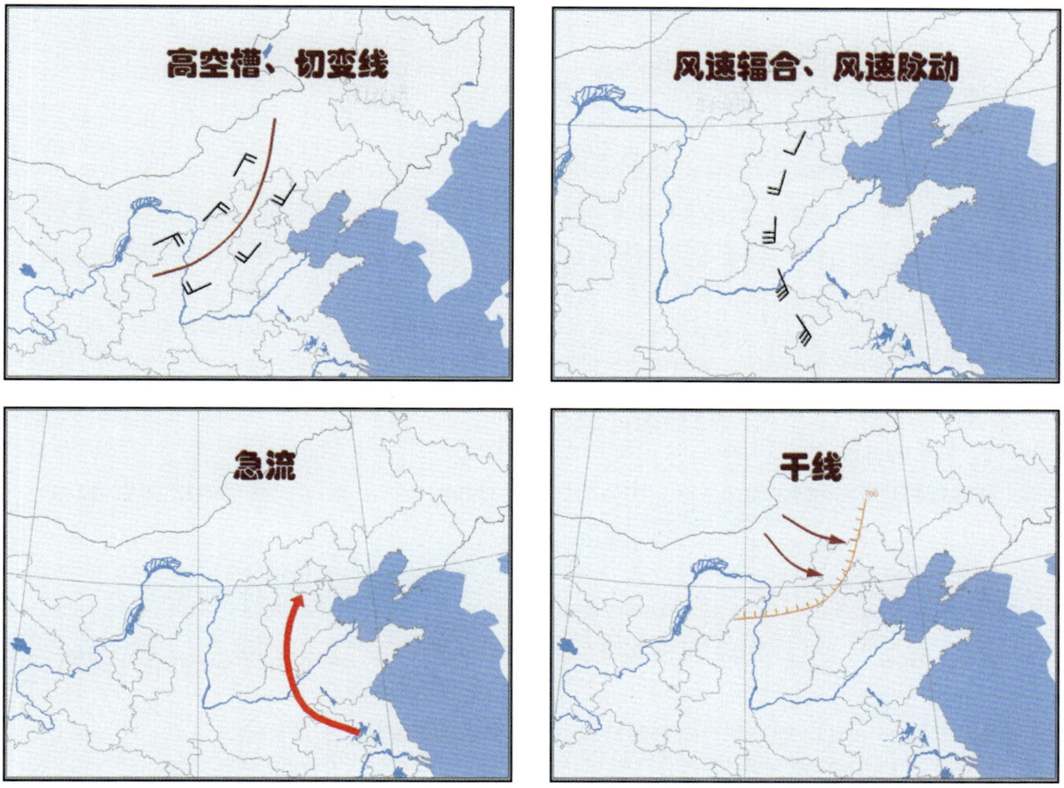

图 10.8　高空触发强对流类型

参考文献

北京市气象台. 2010. 预报员手册(北京). 北京市气象台.

段海霞，李耀辉. 2007. 2006年北京一次持续浮尘天气过程的分析[J]. 干旱气象，**25**(3)：48-53.

段丽，张琳娜，王国荣，等. 2011. 2009年深秋北京大雪过程的成因分析[J]. 气象，**37**(11)：1343-1351.

高维英，李明，张弘，等. 2011. 1次华北回流冷空气引发的罕见暴雪分析[J]. 安徽农业科学，**39**(4)：2020-2024.

郭虎，季崇萍，张琳娜，等. 2006. 北京地区2004年7月10日局地暴雨过程中的波动分析[J]. 大气科学，**30**(4)：703-711.

何立富，陈涛，毛卫星. 2006. 华北平原一次持续性大雾过程的成因分析[J]. 热带气象学报，**22**(4)：340-350.

何立富，尹洁，陈涛，等. 2006. 0509号台风"麦莎"的结构与外围暴雨分布特征[J]. 气象，**32**(3)：93-100.

康岚，郝丽萍，牛俊丽. 2011. 引发暴雨的西南低涡特征分析[J]. 高原气象，**30**(6)：1435-1443.

康志明，尤红，郭文华，等. 2006. 2004年冬季华北平原持续大雾天气的诊断分析[J]. 气象，**31**(12)：51-56.

雷蕾，孙继松，魏东. 2011. 利用探空资料判别北京地区夏季强对流的天气类别[J]. 气象，**37**(2)：136-141.

李江波，王宗敏，王福侠，等. 2011. 华北冷涡连续降雹的特征与预报[J]. 高原气象，**30**(4)：1119-1131.

李江波，赵玉广，孔凡超，等. 2010. 华北平原连续性大雾的特征分析[J]. 中国海洋大学学报(自然科学版)，**40**(7)：15-23.

李津，王华. 2006. 北京城区一次大到暴雨的预报难点分析[J]. 气象，**32**(2)：92-97.

李靖，于波，王华，等. 2008. 北京地区一次局地暴雨过程的诊断和中尺度分析[J]. 气象，**34**(S1)：74-79.

李青春，程丛兰，高华，等. 2011. 北京一次冬季回流暴雪天气过程的数值分析[J]. 气象，**37**(11)：1380-1388.

李青春，苗世光，郑祚芳，等. 2011. 北京局地暴雨过程中近地层辐合线的形成与作用[J]. 高原气象，**30**(5)：1232-1242.

李青春，谢璞，吴正华. 2003. 北京地区沙尘天气的气候特征分析[J]. 气象科技，**31**(6)：328-333.

李廷福，廖晓农. 1999. "98·7"北京大暴雨的中尺度分析[J]. 气象，**25**(5)：44-48.

李小龙，方宗义. 2007. 2006年两次影响北京的沙尘天气对比分析[J]. 气候与环境研究，**12**(3)：320-328.

李耀东，刘健文，刘玉玲，等. 1999. 可逆饱和绝热过程分析及其与大气对流能量相关问题的讨论[J]. 气象科技，(3)：28-32.

李银娥，谌伟，张萍萍. 2007. 一次华北冷涡暴雨过程的诊断分析[J]. 暴雨灾害，**26**(4)：306-310.

梁爱民，张庆红，申红喜，等. 2006. 北京地区雷暴大风预报研究[J]. 气象，**32**(11)：73-80.

廖晓农，于波，卢丽华. 2009. 北京雷暴大风气候特征及短时临近预报方法[J]. 气象，**35**(9)：18-28.

廖晓农，俞小鼎，于波. 2008. 北京盛夏一次罕见的大雹事件分析[J]. 气象，**34**(2)：10-17.

廖晓农. 2009. 北京雷暴大风日环境特征分析[J]. 气候与环境研究，**14**(1)：54-62.

刘还珠，王维国，邵明轩，等. 2007. 西太平洋副热带高压影响下北京区域性暴雨的个例分析[J]. 大气科学，**31**(4)：727-734.

刘景涛，郑新江，康玲，等. 2003. 蒙古气旋暴发性发展导致的强沙尘暴个例研究[J]. 气候与环境研究，**8**

(2)：218-229.
刘强军. 2007. 华北南部东北冷涡型暴雨天气分析[J]. 山西气象，(4)：4-5.
刘熙明，胡非，邹海波，等. 2010. 北京地区一次典型大雾天气过程的边界层特征分析 [J]. 高原气象，**29**(5)：1174-1182.
吕淑琳，张敏，张晓平. 2008. 华北地区一次连续大雾的诊断分析[J]. 气象科技，**36**(4)：425-428.
买文明，何丽华，田秀霞，等. 2013. 一次高空槽与西南涡耦合影响下的华北暴雨过程分析[J]. 沙漠与绿洲气象，**7**(4)：31-37.
毛冬艳，乔林，陈涛，等. 2005. 2004 年 7 月 10 日北京暴雨的中尺度分析[J]. 气象，**31**(5)：42-46.
孟雪峰，孙永刚，姜艳丰，等. 2011. 内蒙古大雪天气学分型研究[J]. 内蒙古气象，(3)：3-8.
孟雪峰，孙永刚，姜艳丰. 2012. 内蒙古东北部一次致灾大到暴雪天气分析[J]. 气象，**38**(7)：877-883.
钮学新，董加斌，杜惠良. 2005. 华东地区台风降水及影响降水因素的气候分析[J]. 应用气象学报，**16**(3)：402-407.
钱婷婷，王迎春，郑祚芳，等. 2005. 造成北京连续高温的河套高压结构分析[J]. 应用气象学报，**16**(2)：167-173.
邱玉珺，牛生杰，邹学勇，等. 2008. 北京沙尘天气成因概率研究[J]. 自然灾害学报，**17**(2)：93-98.
孙继松，陶祖钰. 2012. 强对流天气分析与预报中的若干基本问题[J]. 气象，**38**(2)：164-173.
孙继松，王华，王令，等. 2006. 城市边界层过程在北京 2004 年 7 月 10 日局地暴雨过程中的作用[J]. 大气科学，**30**(2)：221-234.
孙明生，高守亭，孙继松，等. 2012. 北京地区暴雨、强对流天气分析与预报技术[M]. 北京：气象出版社.
王爱君，王咏青，宋晓辉，等. 2012. 华北一次西南涡暴雨过程的诊断分析[J]. 内蒙古气象，(1)：8-14.
王丛梅，丁治英. 2006. 河北夏季低涡暴雨的统计研究[J]. 自然灾害学报，**15**(5)：69-75.
王华，孙继松，李津. 2007. 2005 年北京城区两次强冰雹天气的对比分析 [J]. 气象，**33**(2)：49-56.
王金兰，张金平，孟祥翼，等. 2011. 2009 年 6 月下旬华北持续高温天气诊断分析[J]. 气象与环境科学，**33**(4)：38-42.
王晓明，王新国，秦元明，等. 2003. 东北冷涡暴雨的天气概念模型[J]. 吉林气象，(1)：2-5.
王迎春，钱婷婷，郑永光. 2004. 北京连续降雪过程分析[J]. 应用气象学报，**15**(1)：58-65.
魏东，孙继松，雷蕾，等. 2011. 三种探空资料在各类强对流天气中的应用对比分析[J]. 气象，**37**(4)：412-422.
吴迪，寿绍文，姚秀萍. 2010. 东北冷涡暴雨过程中干侵入特征及其与降水落区的关系[J]. 暴雨灾害，**29**(2)：111-116.
吴兑，吴晓京，朱小祥. 2009. 雾和霾[M]. 北京：气象出版社.
吴洪，邵洁. 2000. 北京地区大雾形成的分析和预报[J]. 应用气象学报，**11**(1)：123-127.
吴正华. 1989. 华北一次双低涡暴雨的分析[J]. 气象科学研究院院刊，**4**(3)：291-299.
尹晓惠，时少英，张明英，等. 2007. 北京沙尘天气的变化特征及其沙尘源地分析[J]. 高原气象，**26**(5)：1039-1044.
于波，林永辉. 2008. 引发川东暴雨的西南低涡演变特征个例分析[J]. 大气科学，**32**(1)：141-154.
张恒德，宗志平，安新宇. 2013. 2010 年 3 月 14 日华北强降雪的模拟和特征分析[J]. 沙漠与绿洲气象，**7**(2)：1-8.
张恒德，宗志平，张友姝. 2011. 2005 年 7 月一次大暴雨过程的模拟和诊断分析[J]. 大气科学学报，**34**(1)：85-92.
张琳娜，郭锐，何娜，等. 2013. 北京地区冰雹天气特征[J]. 气象科技，(1)：114-120.

张钛仁，张明伟，蒋建莹. 2012. 近60年北京地区沙尘天气变化及路径分析[J]. 高原气象，**31**(2)：487-491.

张廷治，李守智. 1996. 东北冷涡暴雨的成因分析[J]. 辽宁气象，(2)：9-11.

张文龙，崔晓鹏，王迎春，等. 2013. 对流层低层偏东风对北京局地暴雨的作用[J]. 大气科学，**37**(4)：829-840.

张小玲，李青春，谢璞，等. 2005. 近年来北京沙尘天气特征及成因分析[J]. 中国沙漠，**25**(3)：417-421.

张亚妮，张碧辉，宗志平，等. 2013. 影响北京的一例沙尘天气过程的起沙沉降及输送路径分析[J]. 气象，**39**(7)：911-922.

张迎新，张守保，裴玉杰，等. 2011. 2009年11月华北暴雪过程的诊断分析[J]. 高原气象，**30**(5)：1204-1212.

张迎新，张守保. 2006. 华北平原回流天气的结构特征[J]. 南京气象学院学报，**29**(1)：107-113.

张迎新，张守保. 2010. 2009年华北平原大范围持续性高温过程的成因分析[J]. 气象，**36**(10)：8-13.

张元春，孙建华，傅慎明. 2012. 冬季一次引发华北暴雪的低涡涡度分析[J]. 高原气象，**31**(2)：387-399.

张志刚，陈万隆. 2003. 影响北京沙尘源地的气候特征与北京沙尘天气分析[J]. 环境科学研究，**16**(2)：6-9.

张志刚，高庆先，矫梅燕，等. 2007. 影响北京地区沙尘天气的源地和传输路径分析[J]. 环境科学研究，**20**(4)：21-27.

张志刚，赵燕华，陈万隆，等. 2003. 北京沙尘天气与源地气象条件的关系[J]. 安全与环境学报，**3**(1)：20-24.

赵琳娜，屠妮妮，矫梅燕. 2007. 不同动力热力条件下蒙古气旋引发沙尘天气过程的对比分析[J]. 气候与环境研究，**12**(3)：329-338.

赵秀英，彭治班，吴宝俊，等. 2000. 下沉对流有效位能[J]. 气象，**26**(6)：1-66.

郑新江，杨义文，李云. 2004. 北京地区沙尘天气的某些特征分析[J]. 气候与环境研究，**9**(1)：14-23.

郑祚芳，范水勇. 2005. 北京城区"7·10"灾害性强降水分析[J]. 灾害学，**20**(2)：66-70.

郑祚芳，王迎春. 2005. 北京夏季持续高温过程特征分析[J]. 气象，**31**(10)：17-20.

中国北方暴雨丛书《华北暴雨》编写组. 1992. 华北暴雨[M]. 北京：气象出版社.

中国科学院大气物理所暴雨组. 1977. 影响华北暴雨的几类天气尺度系统分析. 中国科学院大气物理所暴雨组.

周宁芳，李峰，饶晓琴，等. 2008. 2006年冬半年我国霾天气特征分析[J]. 气象，**34**(6)：81-88.

周晓平，陈大刚. 2004. 北京春季沙尘天气特征和预报[J]. 干旱区资源与环境，**18**(1)：300-305.

周雪松，谈哲敏. 2008. 华北回流暴雪发展机理个例研究[J]. 气象，**34**(1)：18-26.

附录:北京地区十类灾害天气日期列表

说明:部分灾害天气发生频次较高,所以部分灾害天气日期列表仅选取了近年的灾害天气日。

附表 1　1981—2010 年北京区域性暴雨日期(共 33 天)

1981-07-04	1986-06-27	1991-07-28	1996-08-05	2000-08-08
1982-07-25	1986-09-01	1992-08-03	1997-07-19	2001-08-19
1983-08-05	1988-08-02	1994-07-12	1997-08-01	2005-07-23
1983-08-06	1989-07-22	1994-07-13	1998-06-30	2007-07-31
1984-08-10	1990-07-07	1994-08-13	1998-07-06	2010-08-21
1985-07-02	1991-06-08	1995-07-14	1998-07-13	
1985-08-25	1991-06-10	1995-07-29	2000-07-04	

附表 2　1981—2010 年北京区域性大雪日期(共 28 天)

1981-11-16	1990-02-18	1997-12-06	2002-12-23	2009-11-10
1986-02-17	1990-03-21	1998-02-19	2003-03-16	2009-11-12
1986-11-23	1991-03-26	1998-11-21	2003-11-07	2010-01-03
1987-11-01	1992-11-07	2000-03-15	2005-02-15	2010-03-14
1987-11-26	1993-11-16	2001-01-06	2007-03-04	
1989-01-06	1993-11-19	2001-11-13	2009-11-01	

附表 3　2001—2010 年北京地区大风日期(共 108 天)

2001-01-01	2002-03-22	2004-01-12	2005-01-29	2007-12-31
2001-01-02	2002-03-23	2004-01-20	2005-01-31	2008-03-24
2001-01-31	2002-04-06	2004-02-02	2005-03-23	2008-04-02
2001-03-03	2002-04-07	2004-02-04	2005-04-20	2008-04-25
2001-03-04	2002-04-08	2004-02-05	2005-04-21	2008-05-29

续表

2001-03-06	2002-04-11	2004-02-06	2005-05-07	2008-11-01
2001-03-14	2002-04-16	2004-02-13	2006-02-16	2008-12-04
2001-03-21	2002-04-17	2004-02-14	2006-03-18	2009-01-22
2001-04-10	2002-06-10	2004-02-25	2006-03-27	2009-01-23
2001-05-08	2002-06-11	2004-02-28	2006-04-07	2009-03-13
2001-05-15	2002-11-11	2004-03-03	2006-04-11	2009-10-18
2001-05-17	2003-01-03	2004-03-05	2006-04-19	2009-12-25
2001-11-24	2003-04-07	2004-03-10	2006-11-04	2010-01-24
2001-12-12	2003-04-12	2004-03-17	2006-11-05	2010-03-12
2001-12-13	2003-10-14	2004-03-23	2006-12-16	2010-03-20
2002-01-06	2003-10-21	2004-03-29	2007-01-06	2010-04-12
2002-01-07	2003-10-27	2004-03-30	2007-02-13	2010-05-10
2002-01-20	2003-11-21	2004-04-02	2007-03-05	2010-11-27
2002-03-16	2003-12-06	2004-06-14	2007-03-31	2010-12-10
2002-03-17	2003-12-16	2004-10-01	2007-05-12	2010-12-29
2002-03-20	2003-12-24	2004-11-14	2007-05-17	
2002-03-21	2003-12-25	2004-12-06	2007-12-29	

附表 4　1981—2010 年北京地区沙尘日期(共 103 天)

1981-03-06	1984-03-15	1990-04-07	2001-05-04	2006-04-07
1981-03-07	1984-03-16	1990-04-08	2001-05-05	2006-04-09
1981-03-14	1984-03-20	1990-04-25	2001-05-15	2006-04-17
1981-04-23	1984-04-26	1990-04-26	2001-05-16	2006-04-18
1981-05-02	1985-04-21	1990-04-27	2002-03-16	2006-04-19
1981-05-03	1986-01-03	1991-04-30	2002-03-20	2006-04-23
1981-05-04	1986-04-05	1991-11-29	2002-03-21	2006-04-30
1981-05-10	1986-05-07	1992-04-17	2002-03-22	2006-05-01
1981-05-11	1986-05-08	1992-04-18	2002-04-06	2006-05-17

续表

1982-01-11	1986-05-09	1995-03-11	2002-04-07	2007-05-24
1982-04-07	1987-03-24	1995-04-06	2002-04-08	2008-03-18
1982-05-05	1987-03-25	1996-05-07	2002-04-11	2008-05-20
1982-05-06	1988-04-11	2000-04-06	2002-04-12	2008-05-27
1982-06-07	1988-04-12	2000-04-07	2002-04-14	2008-05-28
1983-02-07	1988-04-17	2000-04-25	2002-04-16	2009-03-15
1983-04-01	1988-04-18	2000-04-26	2004-03-28	2009-06-19
1983-04-06	1988-04-20	2001-01-01	2004-03-29	2009-12-25
1983-04-28	1988-04-21	2001-03-03	2005-04-28	2010-03-20
1983-05-06	1988-04-22	2001-03-21	2006-03-10	2010-03-22
1983-05-07	1988-11-08	2001-03-22	2006-03-25	
1983-11-11	1988-11-09	2001-03-24	2006-03-27	

附表 5　2001—2010 年北京地区大雾日期(共 78 天)

2001-01-20	2002-10-12	2003-10-20	2005-10-26	2007-11-25
2001-02-22	2002-10-26	2003-11-01	2005-12-30	2007-12-10
2001-05-07	2002-11-25	2003-11-14	2006-01-14	2007-12-27
2001-08-05	2002-12-02	2003-11-15	2006-07-31	2007-12-28
2001-09-30	2002-12-03	2004-10-07	2006-11-20	2008-04-07
2001-10-04	2002-12-04	2004-10-08	2006-11-21	2008-10-02
2001-10-08	2002-12-13	2004-10-10	2006-12-11	2009-06-18
2001-10-21	2002-12-16	2004-10-31	2006-12-12	2009-11-06
2001-10-22	2002-12-17	2004-11-14	2007-01-01	2009-11-07
2001-10-24	2002-12-18	2004-12-01	2007-01-05	2009-11-25
2001-10-27	2003-01-24	2004-12-02	2007-02-21	2009-12-02
2001-10-28	2003-02-23	2004-12-03	2007-09-15	2010-03-19
2001-12-08	2003-04-25	2004-12-14	2007-10-25	2010-03-30
2002-04-06	2003-07-26	2004-12-25	2007-10-26	2010-10-10
2002-05-12	2003-09-05	2005-08-11	2007-10-27	
2002-10-11	2003-10-09	2005-08-12	2007-11-07	

附表 6　2001—2010 年北京地区高温日期(共 120 天)

2001-05-17	2002-07-07	2004-06-11	2007-06-10	2009-07-03
2001-05-18	2002-07-08	2005-06-20	2007-06-11	2009-07-15
2001-05-19	2002-07-11	2005-06-21	2007-06-25	2009-07-20
2001-05-20	2002-07-12	2005-06-22	2007-06-26	2009-08-11
2001-05-21	2002-07-13	2005-06-23	2007-08-09	2009-08-12
2001-05-22	2002-07-14	2005-06-30	2007-08-14	2009-08-13
2001-05-23	2002-07-15	2005-07-01	2007-08-21	2009-08-14
2001-05-28	2002-07-16	2005-07-03	2007-08-24	2010-05-20
2001-06-01	2002-08-02	2005-07-04	2008-07-03	2010-05-23
2001-06-02	2002-09-01	2005-07-05	2008-07-12	2010-06-20
2001-06-03	2003-06-06	2005-07-06	2008-07-16	2010-07-02
2001-06-04	2003-06-24	2005-07-09	2008-08-02	2010-07-03
2001-06-05	2003-07-04	2005-07-20	2009-05-18	2010-07-04
2001-06-10	2003-07-28	2005-07-21	2009-05-19	2010-07-05
2001-07-10	2003-07-29	2006-06-16	2009-06-01	2010-07-06
2001-07-11	2003-08-02	2006-06-17	2009-06-04	2010-07-08
2001-07-12	2003-08-03	2006-06-18	2009-06-20	2010-07-23
2001-07-15	2003-08-04	2006-06-21	2009-06-22	2010-07-24
2001-07-16	2003-08-06	2006-06-23	2009-06-23	2010-07-25
2001-07-17	2003-08-10	2006-06-27	2009-06-24	2010-07-28
2001-08-21	2003-08-11	2007-05-26	2009-06-25	2010-07-29
2002-05-30	2003-08-12	2007-06-05	2009-06-28	2010-08-14
2002-06-01	2003-08-22	2007-06-06	2009-06-29	2010-08-15
2002-06-07	2004-06-10	2007-06-08	2009-07-02	2010-08-16

附表 7　2009—2010 年北京地区霾日期(共 134 天)

2009-01-21	2009-07-11	2009-11-23	2010-04-25	2010-07-29
2009-01-22	2009-07-12	2009-11-24	2010-05-15	2010-08-03

续表

2009-01-29	2009-07-15	2009-11-28	2010-05-16	2010-08-09
2009-01-30	2009-07-16	2009-11-29	2010-06-03	2010-08-24
2009-02-01	2009-07-28	2009-12-07	2010-06-06	2010-09-15
2009-02-02	2009-07-29	2009-12-08	2010-06-07	2010-09-25
2009-02-10	2009-07-30	2009-12-09	2010-06-08	2010-10-01
2009-02-12	2009-08-03	2009-12-23	2010-06-12	2010-10-06
2009-03-03	2009-08-04	2009-12-24	2010-06-13	2010-10-07
2009-03-04	2009-08-14	2009-12-28	2010-06-15	2010-10-08
2009-03-17	2009-08-16	2009-12-29	2010-06-16	2010-10-09
2009-03-18	2009-09-03	2010-01-17	2010-06-25	2010-11-06
2009-03-19	2009-09-16	2010-01-18	2010-06-26	2010-11-17
2009-03-21	2009-09-17	2010-02-08	2010-06-27	2010-11-18
2009-04-11	2009-09-24	2010-02-23	2010-06-28	2010-11-19
2009-04-12	2009-09-25	2010-02-24	2010-06-29	2010-11-20
2009-04-13	2009-10-12	2010-02-25	2010-06-30	2010-11-23
2009-04-18	2009-10-23	2010-03-03	2010-07-16	2010-11-24
2009-05-16	2009-10-24	2010-03-04	2010-07-17	2010-11-28
2009-05-24	2009-10-25	2010-03-19	2010-07-18	2010-11-29
2009-05-25	2009-10-28	2010-03-29	2010-07-22	2010-12-09
2009-06-07	2009-10-29	2010-03-31	2010-07-23	2010-12-10
2009-06-17	2009-11-05	2010-04-15	2010-07-24	2010-12-18
2009-06-19	2009-11-06	2010-04-16	2010-07-25	2010-12-19
2009-06-26	2009-11-07	2010-04-17	2010-07-26	2010-12-21
2009-06-27	2009-11-08	2010-04-18	2010-07-27	2010-12-22
2009-07-07	2009-11-22	2010-04-19	2010-07-28	

附表 8　2001—2010 年北京地区冰雹日期(共 100 天)

2001-05-03	2002-08-05	2004-06-24	2006-06-30	2008-07-05
2001-06-07	2002-08-11	2004-07-01	2006-07-05	2008-08-02
2001-06-13	2002-08-13	2004-07-03	2006-07-12	2008-08-14
2001-06-15	2002-08-22	2004-07-04	2006-07-24	2008-08-27
2001-06-16	2002-09-27	2004-07-08	2006-08-01	2008-09-04
2001-06-17	2003-05-10	2005-05-31	2007-05-08	2008-09-14
2001-06-18	2003-05-22	2005-06-01	2007-07-03	2008-10-09
2001-06-20	2003-05-28	2005-06-07	2007-07-09	2009-07-06
2001-06-21	2003-06-27	2005-06-13	2007-07-11	2009-07-10
2001-06-26	2003-06-28	2005-06-14	2007-08-04	2009-07-11
2001-07-04	2003-07-19	2005-06-29	2008-05-03	2009-07-13
2001-08-08	2003-08-24	2005-07-09	2008-06-04	2009-07-22
2001-08-23	2003-09-08	2005-07-20	2008-06-06	2009-07-23
2002-03-29	2003-09-22	2005-07-31	2008-06-13	2009-11-09
2002-05-10	2003-09-24	2005-08-26	2008-06-17	2010-05-05
2002-05-11	2004-06-17	2006-05-19	2008-06-22	2010-05-10
2002-05-12	2004-06-18	2006-06-03	2008-06-23	2010-05-28
2002-07-01	2004-06-21	2006-06-07	2008-06-24	2010-06-16
2002-07-17	2004-06-22	2006-06-24	2008-07-02	2010-08-31
2002-07-24	2004-06-23	2006-06-29	2008-07-03	2010-10-02

附表 9　2006—2010 年北京地区雷暴大风日期(共 69 天)

2006-05-16	2007-05-27	2008-06-22	2008-10-23	2009-10-12
2006-06-06	2007-06-24	2008-06-23	2009-04-13	2009-10-16
2006-06-07	2007-06-27	2008-06-26	2009-04-15	2010-05-05
2006-06-11	2007-06-30	2008-08-02	2009-04-24	2010-05-09
2006-06-14	2007-07-07	2008-08-14	2009-06-04	2010-05-18
2006-06-23	2007-07-09	2008-08-24	2009-06-13	2010-05-31

续表

2006-06-24	2007-07-11	2008-08-26	2009-06-28	2010-06-13
2006-06-26	2007-07-28	2008-08-29	2009-07-04	2010-06-16
2006-06-30	2007-07-30	2008-09-03	2009-07-05	2010-06-19
2006-07-05	2007-09-17	2008-09-04	2009-07-11	2010-07-12
2006-07-12	2008-04-01	2008-09-05	2009-07-13	2010-07-29
2006-07-20	2008-04-16	2008-09-07	2009-07-22	2010-09-01
2006-08-01	2008-05-03	2008-10-09	2009-07-23	2010-09-21
2007-05-24	2008-05-27	2008-10-13	2009-08-16	

附表 10　2001—2010 年北京地区局地暴雨日期(共 79 天)

2001-06-15	2002-08-26	2004-08-25	2006-07-31	2008-08-11
2001-07-04	2002-09-27	2004-08-27	2006-08-09	2008-08-12
2001-07-21	2002-10-18	2004-09-15	2006-08-10	2008-08-14
2001-07-24	2003-08-15	2005-06-26	2006-08-13	2008-08-21
2001-07-25	2003-08-28	2005-06-29	2007-05-22	2008-09-07
2001-08-04	2003-09-07	2005-07-23	2007-06-27	2009-06-08
2001-08-16	2003-09-17	2005-08-03	2007-06-30	2009-07-13
2001-08-19	2003-10-11	2005-08-09	2007-07-18	2009-07-17
2002-06-25	2004-06-18	2005-08-12	2007-07-31	2009-07-20
2002-07-17	2004-07-10	2006-06-28	2007-08-02	2009-07-31
2002-07-19	2004-07-16	2006-06-29	2007-10-28	2009-08-09
2002-07-22	2004-07-21	2006-06-30	2008-06-13	2010-07-10
2002-07-28	2004-07-23	2006-07-09	2008-07-04	2010-07-12
2002-08-04	2004-07-29	2006-07-10	2008-07-05	2010-08-18
2002-08-05	2004-08-09	2006-07-23	2008-07-31	2010-08-21
2002-08-19	2004-08-11	2006-07-24	2008-08-10	